App Inventor

Android移动应用开发实战

范士喜 / 编著

清华大学出版社
北 京

内容简介

本书通过案例讲授 App Inventor 平台下移动应用程序的开发方法。全书共 13 章，主要内容包括移动应用开发工具、App Inventor 编程、屏幕和屏幕控制、界面布局、用户界面、多媒体、绘图动画、传感器、社交应用、数据存储、通信连接、人工智能和高德地图。本书配套资源包括书中所有案例的素材、参考源程序、APK 文件和运行结果截图，授课教师可免费获取配套的电子教案、PPT 课件和教学大纲等教学文件。

本书适合作为高等院校相关专业移动应用开发课程的初级和中级教材，也可作为高职院校、培训机构的教材和移动应用开发爱好者的自学参考书。

图书在版编目(CIP)数据

App Inventor Android 移动应用开发实战/范士喜编著．—北京：清华大学出版社，2019
(2022.1 重印)
ISBN 978-7-302-53506-5

Ⅰ．①A… Ⅱ．①范… Ⅲ．①移动终端－应用程序－程序设计 Ⅳ．①TN929.53

中国版本图书馆 CIP 数据核字(2019)第 180105 号

责任编辑：郭　赛　战晓雷
封面设计：傅瑞学
责任校对：胡伟民
责任印制：丛怀宇

出版发行：清华大学出版社
网　　址：http://www.tup.com.cn，http://www.wqbook.com
地　　址：北京清华大学学研大厦 A 座　　**邮　　编**：100084
社 总 机：010-62770175　　**邮　　购**：010-83470235
投稿与读者服务：010-62776969，c-service@tup.tsinghua.edu.cn
质量反馈：010-62772015，zhiliang@tup.tsinghua.edu.cn
课件下载：http://www.tup.com.cn，010-83470236
印 装 者：北京鑫海金澳胶印有限公司
经　　销：全国新华书店
开　　本：185mm×260mm　　**印　　张**：13.25　　**字　　数**：326 千字
版　　次：2019 年 11 月第 1 版　　**印　　次**：2022 年 1 月第 3 次印刷
定　　价：44.50 元

产品编号：081654-01

前言

FOREWORD

移动应用软件开发，即智能移动终端软件开发，已列入《北京市十大高精尖产业登记指导目录(2018年版)》。移动应用开发课程是几乎所有工科专业甚至很多非工科专业都开设的一门必修或者选修课程，该课程对学生创新创业能力的培养具有重要作用。国内外同类教材主要讲授 Android Studio、WebBuilder 和 APICloud 等平台下移动应用程序的开发，因此普遍存在以下问题。

(1) Android Studio 安装复杂，环境配置烦琐，程序运行缓慢，程序调试困难，严重影响教学的正常开展。另外，Android Studio 对 Java 程序设计语言的掌握程度要求非常高，即使计算机专业的学生也很难开发出功能强大的移动应用程序；非计算机专业一般不开设 Java 课程或者 Java 课程内容深度不够，导致学生对于移动应用开发的学习非常困难。

(2) WebBuilder 和 APICloud 等开发平台比较适合网页类移动 App 的开发，作为移动应用开发的入门课程，这些平台对于初学者来说还是有一定的难度。

本教材讲授 App Inventor 平台下移动应用程序的开发方法。App Inventor 是 Google 公司最新开发的基于 Android 系统的移动应用开发平台。该平台主要有六大优势：其一，通过云平台开发降低了安装难度；其二，通过 Java 代码封装降低了编程难度；其三，通过组件和块设计降低了开发难度；其四，通过自动匹配检测降低了测试难度；其五，通过拖曳抽屉方式降低了记忆难度；其六，通过中英文对照降低了理解难度。

使用该平台进行移动应用开发可大大降低学习难度，只要求学生学习过任何一门程序设计语言即可，不需要一定掌握 Java 语言。即使学生没有任何程序设计基础，使用该平台也不会存在太大的学习障碍，非常适合初学者作为学习移动应用开发的快速入门教程，可有效培养学生有关程序设计的逻辑思维能力。

App Inventor 平台下移动应用开发已经风靡全球，但在我国高校刚刚引入相关课程。目前国内有关 App Inventor 平台下移动应用开发的高校教材极少且现有教材有以下缺点：偏重理论，缺乏经典案例；程序设计不规范；黑白印刷，参数无法识别；教学资源匮乏，不适合教师讲授和学生学习。

本书内容

本书共 13 章，内容包括移动应用开发工具、App Inventor 编程、屏幕和屏幕控制、界面布局、用户界面、多媒体、绘图动画、传感器、社交应用、数据存储、通信连接、人工智能和高德地图。

本书特点

本书具有以下特点：

(1) 理论教学与案例教学相结合，知识体系结构完整，将知识点的系统讲解与重要知识点的练习相结合。

(2) 采用50多个经典案例进行教学，深入透彻，以点带面。

(3) 语言简练，步骤清晰，图文并茂。

(4) 教学资源丰富，方便教师教学和学生练习。

(5) 彩色印刷，效果完美表现。

读者对象

本书适合作为高等院校相关专业移动应用开发课程的初级和中级教材，也可作为高职院校、培训机构的教材和移动应用开发爱好者的自学参考书。

配套资源

本书的配套资源包括书中所有案例的素材、参考源程序、APK文件和运行结果截图，授课教师可免费获得电子教案、PPT课件和教学大纲等教学文件。本书配套资源可从清华大学出版社网站(http://www.tup.com.cn)本书页面或QQ群146658911下载。

课时安排

使用本书教学时的建议课时如下：

章节	内　容	学时分配	
		理论教学	实验教学
第1章	移动应用开发工具	2	2
第2章	App Inventor 编程	4	4
第3章	屏幕和屏幕控制	1	1
第4章	界面布局	1	1
第5章	用户界面	2	2
第6章	多媒体	4	4
第7章	绘图动画	2	2
第8章	传感器	2	2
第9章	社交应用	2	2
第10章	数据存储	2	2

续表

章节	内　容	学时分配	
		理论教学	实验教学
第 11 章	通信连接	1	1
第 12 章	人工智能	1	1
第 13 章	高德地图	选学	选学
小计		24	24
合计		48	

本书由范士喜编著。

由于作者水平有限，书中难免有不足之处，敬请读者批评指正。

作者的电子邮件地址：626189012@qq.com；本书服务 QQ 群：146658911。

作　者

2019 年 4 月

目录

CONTENTS

第1章

移动应用开发工具

【教学目标】

(1) 了解移动应用开发流程。

(2) 熟悉移动应用测试环境。

(3) 掌握移动应用开发界面。

1.1 移动应用开发平台

移动应用开发平台有很多,例如 Android Studio、WebBuilder、APICloud 和 App Inventor 等,每个开发平台都有自身的特点和开发优势。

1.1.1 Android Studio

Android Studio 是 Google 公司推出的一个基于 IntelliJ IDEA 的 Android 集成开发工具。类似于 Eclipse ADT,Android Studio 提供集成的 Android 开发工具用于移动应用开发和调试。

在 IDEA 的基础上,Android Studio 提供了以下功能和特性:基于 Gradle 的构建支持;Android 专属的重构和快速修复;提示工具以捕获性能、可用性、版本兼容性等问题;支持 ProGuard 和应用签名;基于模板的向导来生成常用的 Android 应用设计和组件;功能强大的布局编辑器,可以拖曳 UI 控件,并进行效果预览。

1.1.2 WebBuilder

WebBuilder 是一款强大、全面和高效的应用开发和运行平台。它是基于浏览器的集成开发环境,具有可视化和智能化的设计,能轻松完成常规应用和面向手机的移动应用开发,包含多项先进技术,使应用系统的开发更快捷和简单。

其主要优势是:使用先进的技术和架构支撑大型系统和海量数据的运行;基于浏览器的强大的集成开发环境;提供包括工作流、报表、表单、权限、数据库和计划任务等模块在内的全套基础模块和工具,使用户能专注于业务的构建;支持所有符合工业标准的操作系统、应用服务器、数据库、浏览器、手机和 PAD 终端等。

1.1.3 APICloud

APICloud 是中国领先的“云端一体”的移动应用云服务提供商。APICloud 推行“云端一体”的理念，重新定义了移动应用开发。APICloud 为开发者从“云”和“端”两个方向提供 API，简化移动应用开发技术，让移动应用的开发周期大大缩短。APICloud 由“云 API”和“端 API”两部分组成，可以帮助开发者快速实现移动应用的开发、测试、发布、管理和运营的全生命周期管理。

APICloud 致力于成为中国领先的移动垂直领域云服务商，帮助传统软件公司从 B/S 架构成功走向 App，帮助中国数百万 Web 开发者转化成移动 App 专家。APICloud 的核心定位是加速移动创新，帮助开发者和软件企业快速进入移动、云和大数据时代。

1.1.4 App Inventor

1. App Inventor 的发展

App Inventor 是 Google 公司开发的基于 Android 系统的移动应用开发平台。它原是 Google 实验室(Google Lab)的一个计划，2012 年 1 月 1 日移交给麻省理工学院(MIT)行动学习中心，并于 3 月 4 日开放，供全球用户免费使用。目前版本为 App Inventor 2，简称 AI2。

麻省理工学院、旧金山大学等美国著名高校使用 App Inventor 讲授计算机课程。《纽约时报》和《旧金山纪实报》对 App Inventor 做出非常恰当的评论。

“App Inventor 让 DIY 应用开发软件变成现实。”(《纽约时报》)

“谷歌和麻省理工学院让普通大众变成应用的生产者。”(《旧金山纪实报》)

App Inventor 风靡全球。2013 年，在 Google 公司的支持下，App Inventor 被引入中国，麻省理工学院、广州市教育信息中心和华南理工大学三方合作，在广州搭建国内服务器。因为 App Inventor 开发手段的便捷性，使它在大学和中学迅速流行。

2. App Inventor 的优势

与其他移动应用开发平台相比，使用 App Inventor 开发移动应用的优势可归纳为以下六个方面：

(1) 通过云平台开发降低了安装难度。

(2) 通过 Java 代码封装降低了编程难度。

(3) 通过组件和块设计降低了开发难度。

(4) 通过自动匹配检测降低了测试难度。

(5) 通过拖曳抽屉方式降低了记忆难度。

(6) 通过中英文对照降低了理解难度。

3. App Inventor 的应用

使用 App Inventor 开发的 App 主要应用在以下 7 个方面：多媒体应用、绘图动画应用、传感器应用、社交应用、Web 应用、游戏设计和控制机器人等。

1.2 App Inventor 介绍

1.2.1 App Inventor 开发平台

使用 App Inventor 在线开发平台方便快捷，不需要在本地计算机安装任何软件，可直接访问云服务器开始移动应用程序开发。可选择访问国外云服务器或国内云服务器两种方式。

(1) 国外云服务器：http://ai2.appinventor.mit.edu。

(2) 国内云服务器：https://app.wxbit.com/；http://app.gzjkw.net/login/。

提示：

- App Inventor 在线开发平台要求使用 Google Chrome 浏览器或者 360 浏览器等，不能使用 IE 浏览器。
- 建议使用 QQ 账户登录国内云服务器，如图 1-1 所示。国内不同服务器提供的 App Inventor 版本可能不同，本书采用 https://app.wxbit.com/提供的最新版本。

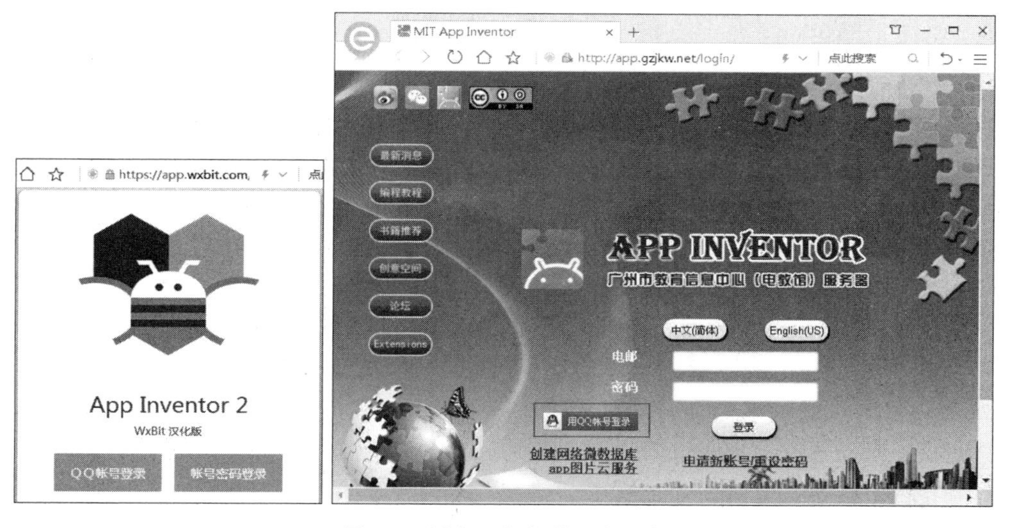

图 1-1 国内云服务器开发平台

1.2.2 App Inventor 开发界面

App Inventor 开发界面包括组件设计(Designer)和逻辑设计(Blocks)两个视图。App 界面设计主要在组件设计视图中进行，App 编程则主要在逻辑设计视图中进行。可随时在不同语言之间进行切换，如图 1-2 所示。

图 1-2 在不同语言之间切换

提示：为了既方便读者学习又规范程序表达，本书中组件设计视图使用简体中文界面，逻辑设计视图使用英文界面；为了帮助读者理解，部分截图采用中英文对照的形式。

1. 组件设计视图

组件设计视图包含组件面板(Palette)、工作面板(Viewer)、组件列表(Components)和属性面板(Properties)4 个部分,如图 1-3 所示。

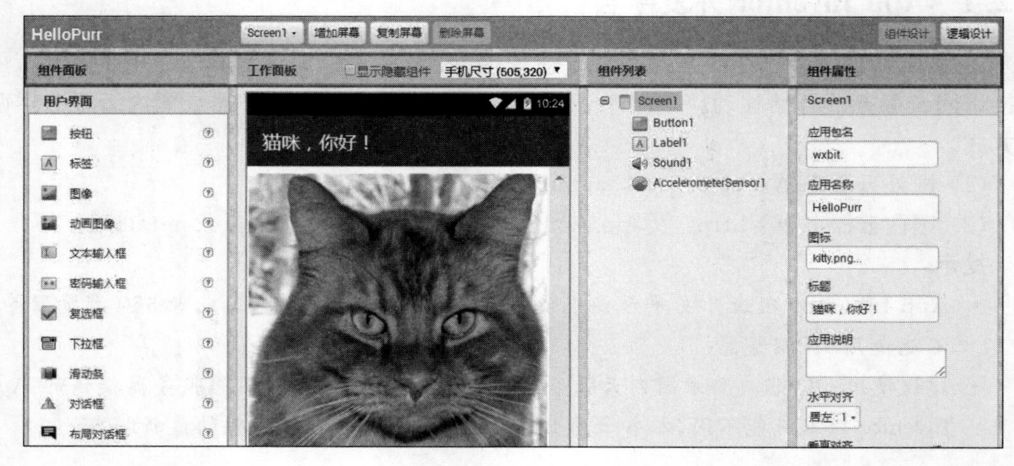

图 1-3 组件设计视图

1) 组件面板

组件面板包含用户界面(User Interface)、界面布局(Layout)、多媒体(Media)、传感器(Sensors)、绘图动画(Drawing and Animation)、数据存储(Storage)、通信连接(connectivity)、人工智能(Artificial Intelligence)、高德地图(Gaode Maps)、系统增强(Enhancement)、社交应用(Social)、扩展(Extension)和乐高机器人(LEGO MINDSTORMS)13 个模块,如图 1-4 所示。

图 1-4 组件面板

2）工作面板

移动应用程序的组件设计在工作面板中进行。可视组件显示在工作面板中，非可视组件显示在工作面板下部，如图 1-5 所示。

3）组件列表

工作面板中使用的组件显示在组件列表中，对组件可执行“重命名”“删除”等操作，可单击“上传文件”按钮上传素材，如图 1-6 所示。

4）属性面板

属性面板用来设置组件属性，如图 1-7 所示。

图 1-5　工作面板

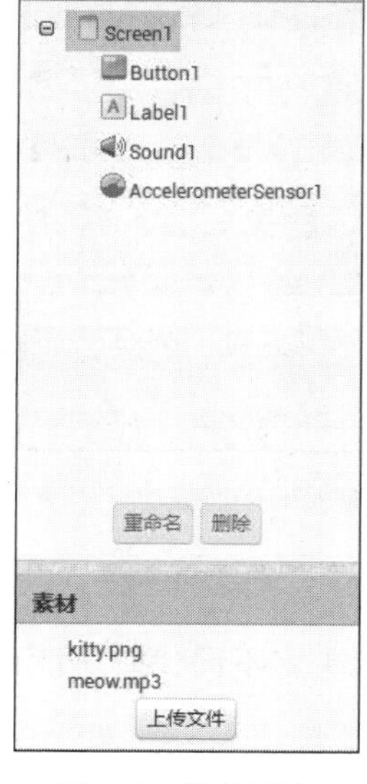

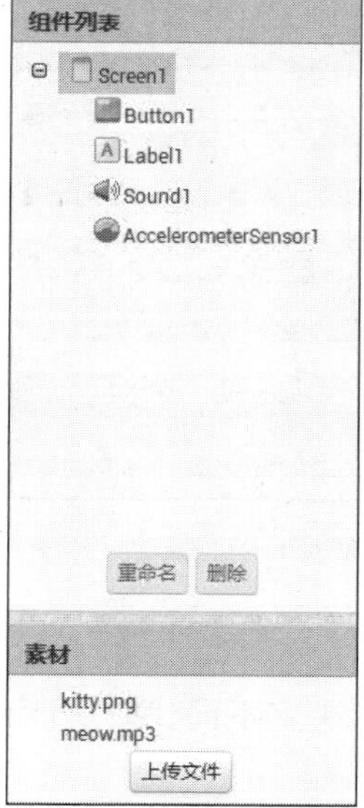

图 1-6　组件列表

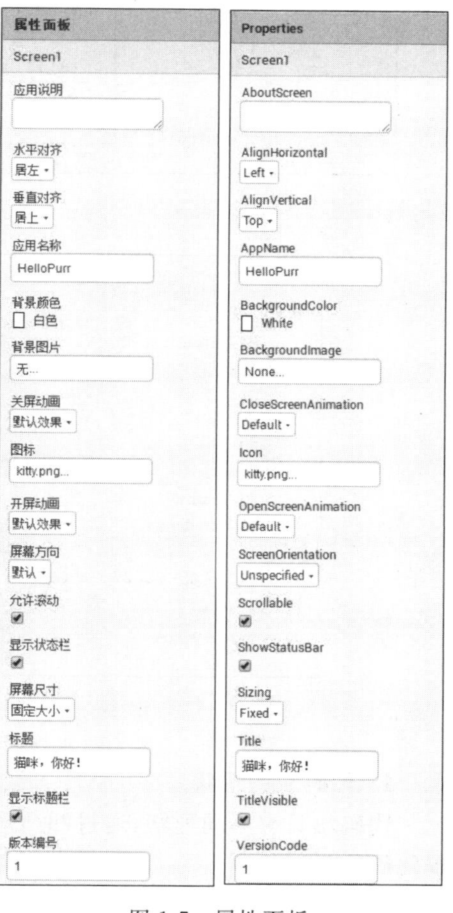

图 1-7　属性面板

2. 逻辑设计视图

逻辑设计视图包括模块(Blocks)和工作面板(Viewer)两部分，如图 1-8 所示。

使用 App Inventor 编程无须手工编写代码。选择模块下方的某组件，将弹出该组件的所有事件、方法和属性，单击任意一项即可将相应的代码块加入工作面板，如图 1-9 所示。

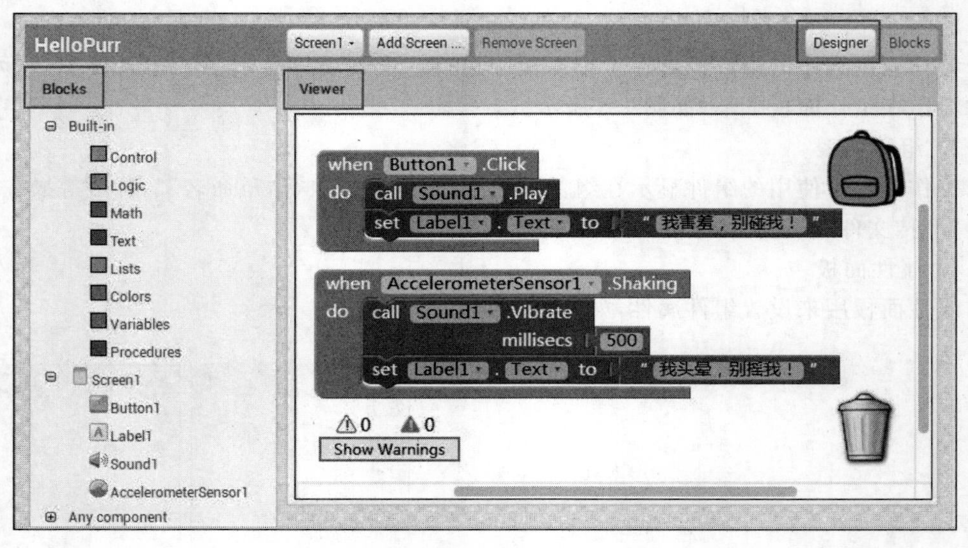

图 1-8 逻辑设计视图

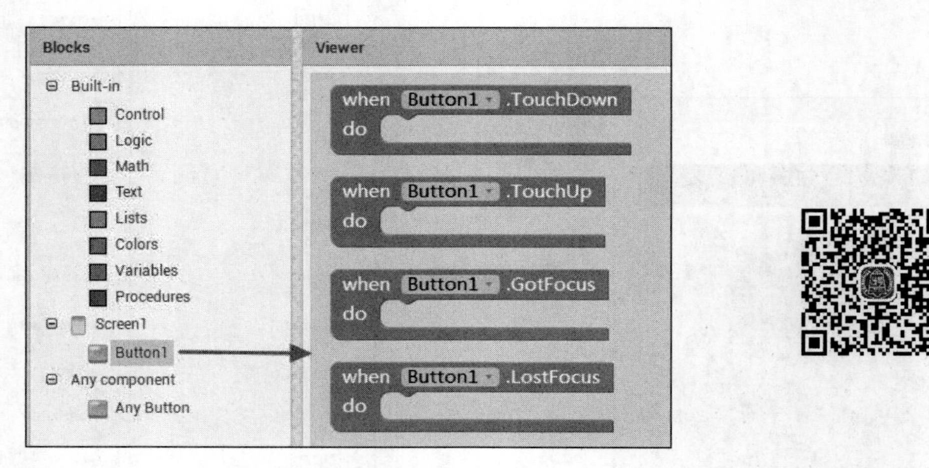

图 1-9 将代码块加入工作面板

1）代码块的形状

代码块具有不同形状，通过凹凸形状决定不同代码块能否正确地组合在一起，从而实现代码的智能检测。

2）代码块的颜色

不同功能的代码块具有不同颜色。例如，触发事件代码（when Button1. Click）显示为土灰色，调用方法代码（call Sound1. Play）显示为深紫色，设置属性代码（set Label1. Text）显示为深绿色，如下所示：

1.2.3 App Inventor 测试环境

测试 App 要求手机上已安装“AI 伴侣.apk”文件，并且手机在 Wi-Fi 环境下连网。

测试步骤如下：

(1) 选择 App Inventor 在线开发平台“连接”菜单下的“AI 伴侣”命令，打开“连接伴侣程序”窗口，如图 1-10 所示。

图 1-10 打开 App Inventor 在线开发平台“连接伴侣程序”窗口

(2) 运行手机端安装的“AI 伴侣”程序(其完整名称为 MIT App Inventor 2 伴侣程序)，点击“扫描二维码”，扫描 App Inventor 在线开发平台“连接伴侣程序”窗口中的二维码，如图 1-11 所示。

图 1-11 使用手机“AI 伴侣”扫描“连接伴侣程序”窗口中的二维码

(3) 等待“连接伴侣程序”窗口消失后，便会出现程序运行结果。

提示：

- 如果计算机显示器上的“连接伴侣程序”窗口一直不消失，或者消失后不出现程序运行结果，可检查手机 Wi-Fi 连接是否正常；或者选择 App Inventor “连接”菜单下的“重置连接”命令，重新连接后再进行测试。

- 手机“AI 伴侣”的版本必须与 App Inventor 要求的版本相对应。可选择 App Inventor 在线开发平台“AI 伴侣”菜单，打开“AI 伴侣”窗口，下载最新版的手机版“AI 伴侣. apk”文件并安装，如图 1-12 所示。

图 1-12　“AI 伴侣”手机版下载

- 也可安装桌面版“AI2 伴侣”来测试程序，以方便没有 Android 手机的开发者使用计算机测试 App，如图 1-13 所示。

图 1-13　桌面版“AI 伴侣”测试示例

1.2.4　App Inventor 开发流程

使用 App Inventor 开发 App 的流程主要包括 7 步：新建项目，组件设计，逻辑设计，测试项目，编译 apk 文件，安装 apk 文件，运行 App。

1. 新建项目

选择“项目”菜单下的“新建项目”命令，将弹出“新建项目”对话框，如图 1-14 所示。

输入项目名称后单击“确定”按钮,新项目将显示在项目列表中。

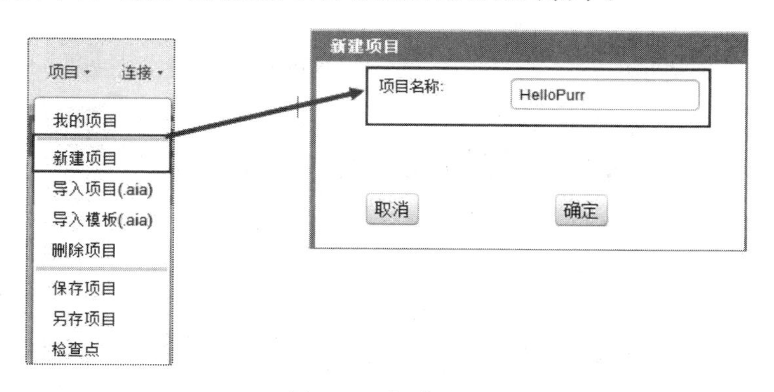

图 1-14 新建项目

2. 组件设计

在组件设计视图的工作面板中,利用组件面板中的组件和组件属性面板中的参数完成组件设计,如图 1-15 所示,参见本章案例。

图 1-15 组件设计

3. 逻辑设计

在逻辑设计视图的工作面板中,利用模块完成逻辑设计,如图 1-16 所示,参见本章案例。

提示:在逻辑设计视图中选择已添加到组件设计视图中的组件后,会自动显示该组件的所有事件、方法和属性,单击任意一项即可将其代码块加入工作面板。

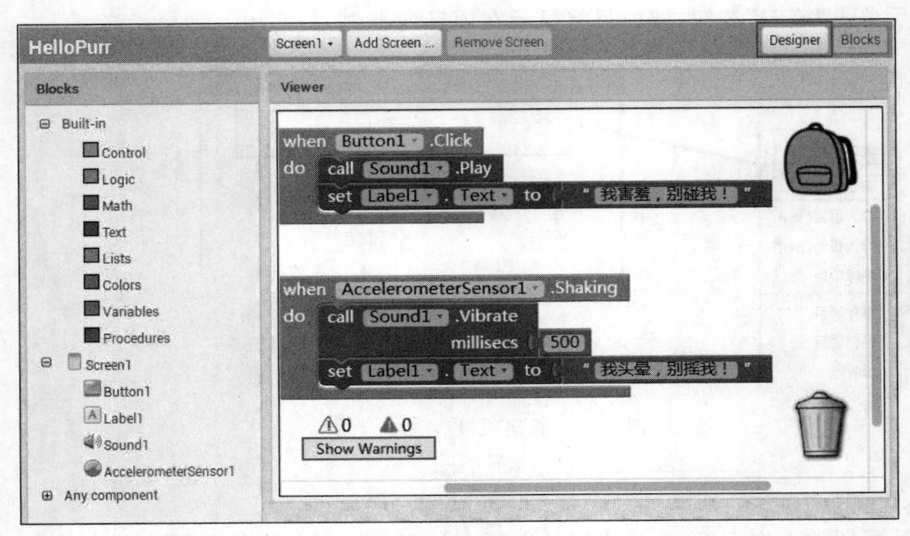

图 1-16　逻辑设计

使用 App Inventor 编程时，代码块可自动进行匹配检查。如果出现问题，将在工作面板下方显示警告或错误提示。只需单击警告和错误数字左边的标记，工作面板会直接定位到相应的错误代码块。每次单击会显示一个警告或错误，再次单击则显示下一个警告或错误，如图 1-17 所示。

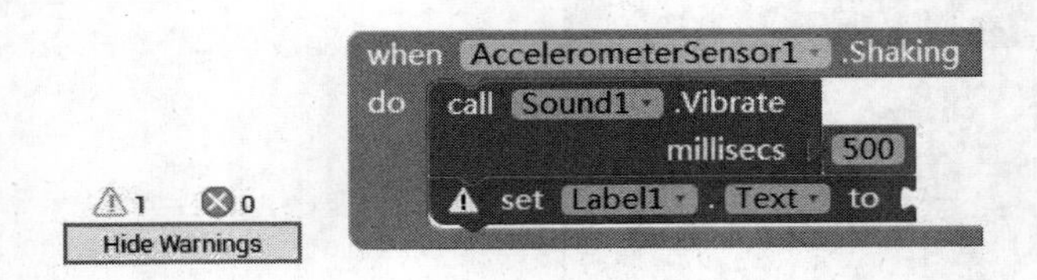

图 1-17　定位到错误代码块

工作面板是摆放代码块的区域。将代码块拖曳到右下角的垃圾桶图标上可删除代码块；将代码块拖曳到右上角的背包图标上可以在多个屏幕之间共享代码块，实现复制与粘贴功能。

4. 测试项目

使用“AI 伴侣”测试项目。

5. 编译 apk 文件

选择 App Inventor “编译”菜单下的“显示二维码”或“下载到电脑”命令，将显示编译进度条，最后生成 apk 文件。可使用手机扫描二维码直接安装 apk 文件，或者暂时将 apk 文件下载到本地计算机，如图 1-18 所示。

6. 安装 apk 文件

使用手机扫描二维码直接安装 apk 文件，或将下载到本地计算机的 apk 文件发送到

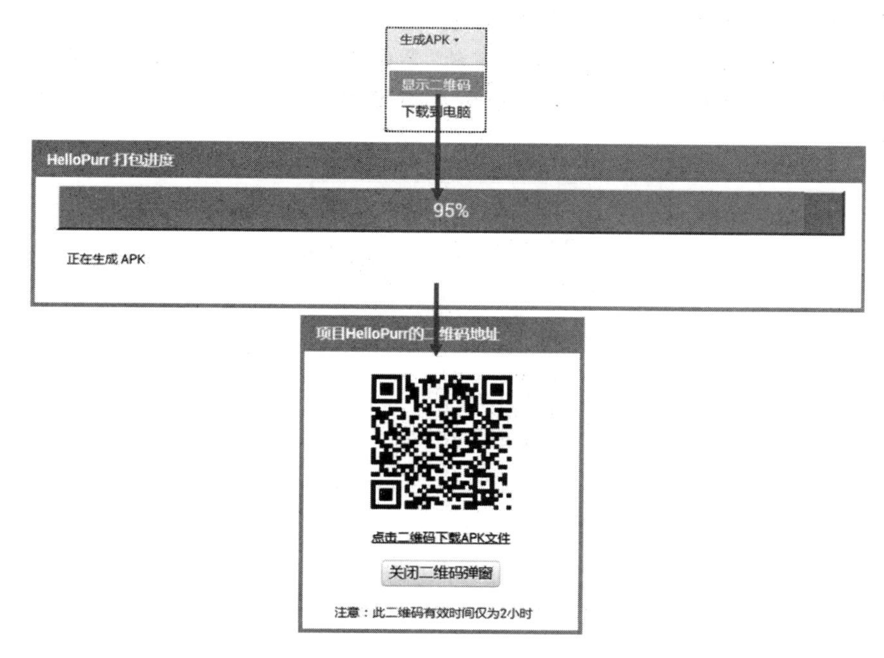

图 1-18 编译和发布 apk 文件

手机上，再安装 apk 文件。安装完成后的效果如图 1-19 所示。

7. 运行 App

点击手机屏幕中的 App 图标，运行应用程序，如图 1-20 所示。

图 1-19 apk 文件安装完成

图 1-20 运行 App

提示：项目文件会定时自动保存在 App Inventor 云服务器上，也可以保存在本地计算机上。选择 App Inventor“项目”菜单下的“导出项目(.aia)”命令，可将项目文件导出到本地计算机，也可以将本地计算机中的项目文件导入 App Inventor 云服务器，如图 1-21所示。

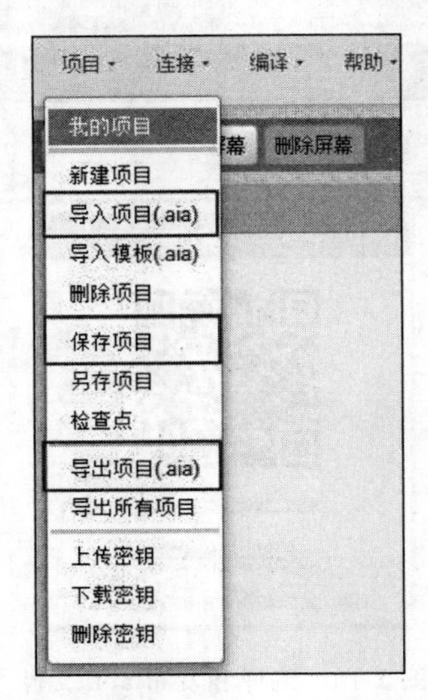

图 1-21 保存、导入和导出项目

案例 第一个 App

素材：kitty. png，meow. mp3

参考源程序：HelloPurr. aia

【功能描述】

设计一个手机 App，点击图像，发出猫叫声，显示文字“我害羞，别碰我！”；摇晃手机，手机振动，显示文字“我头晕，别摇我！”。

【组件设计】

在组件设计视图分别将组件面板中的按钮(Button)组件、标签(Label)组件、音效(Sound)组件、加速度传感器(AccelerometerSensor)组件拖曳到工作面板，并设置相关属性。完成后的组件设计如图 1-22 所示。

提示：按钮组件和标签组件属于用户界面组件，音效组件属于多媒体组件，加速度传感器组件属于传感器组件。音效组件 Sound1 和加速度传感器组件 AccelerometerSensor1 属于非可视组件，显示在工作面板下部。

下面介绍各组件属性设置。

1. 屏幕组件 Screen1

屏幕组件 Screen1 的属性设置如表 1-1 所示，其他属性采用默认设置。

图 1-22 HelloPurr 组件设计

表 1-1 Screen1 属性设置

属　　性	设　　置	说　　明
应用名称	HelloPurr	aia 文件名称
标题	猫咪，你好！	屏幕标题
图标	kitty. png	apk 文件安装后显示的应用程序图标

2. 按钮组件 Button1

按钮组件 Button1 的属性设置如表 1-2 所示，其他属性采用默认设置。

表 1-2 Button1 属性设置

属　　性	设　　置	说　　明
高度	80%	预留 20%空间显示标签 Label1
宽度	充满	充满屏幕宽度
图像	kitty. png	按钮显示为图像

提示：使用按钮组件，而不使用图像组件，是为了利用按钮组件的 Click(单击)事件。

3. 标签组件 Label1

标签组件 Label1 的属性设置如表 1-3 所示，其他属性采用默认设置。

表 1-3 Label1 属性设置

属 性	设 置	说 明
字号	20	显示文本的文字大小
显示文本	清空	显示文本的内容在程序中实现
文本颜色	红色	设置文本颜色

4. 音效组件 Sound1

音效组件 Sound1 的属性设置如表 1-4 所示，其他属性采用默认设置。

表 1-4 Sound1 属性设置

属 性	设 置	说 明
源文件	meow. mp3	单击“素材”面板下方的“上传文件”按钮上传声音素材，作为音效的源文件
最小间隔/ms	500	两次播放声音之间的最小间隔为 500ms，即 0.5s

5. 加速度传感器组件 AccelerometerSensor1

加速度传感器组件 AccelerometerSensor1 的属性采用默认设置。

【逻辑设计】

(1) 在按钮组件 Button1 的 Click 事件下：

- 调用音效组件 Sound1 的 Play 方法播放声音。
- 设置标签组件 Label1 的 Text 值为“我害羞，别碰我！”。

(2) 在加速度传感器组件 AccelerometerSensor1 的 Shaking 事件下：

- 调用音效组件 Sound1 的 Vibrate 方法使手机振动，振动间隔时间为 500ms。
- 设置标签组件 Label1 的 Text 值为“我头晕，别摇我！”。

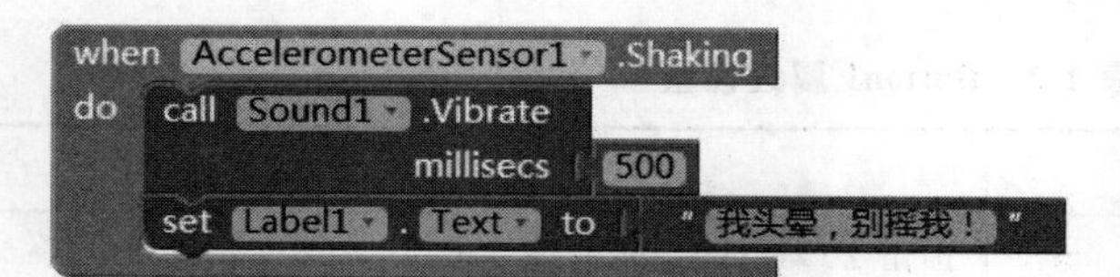

【运行结果】

点击图片，发出猫叫声，显示文字“我害羞，别碰我！”；摇晃手机，手机振动，显示文字“我头晕，别摇我！”。运行结果如图 1-23 所示。

图 1-23　运行结果

思考与练习

（1）简述使用 App Inventor 开发移动应用程序的优势。

（2）简述使用 App Inventor 开发移动应用程序的流程。

（3）将项目文件 Magic8Ball.aia 导入 App Inventor，理解其组件设计和逻辑设计方法，并测试、编译、安装和运行程序。

第2章

App Inventor 编程

【教学目标】

(1) 了解颜色和任意组件编程。

(2) 掌握变量、控制、列表和过程编程。

(3) 熟练应用逻辑、数学、文本和颜色编程。

App Inventor 编程在逻辑设计视图进行。逻辑设计视图包括模块和工作面板两部分。

模块包括内置块(Built-in)、组件列表和任意组件(Any Component)3 部分，内置块包括控制(Control)、逻辑(Logic)、数学(Math)、文本(Text)、列表(Lists)、颜色(Colors)、变量(Variables)和过程(Procedures)等，如图 2-1 所示。

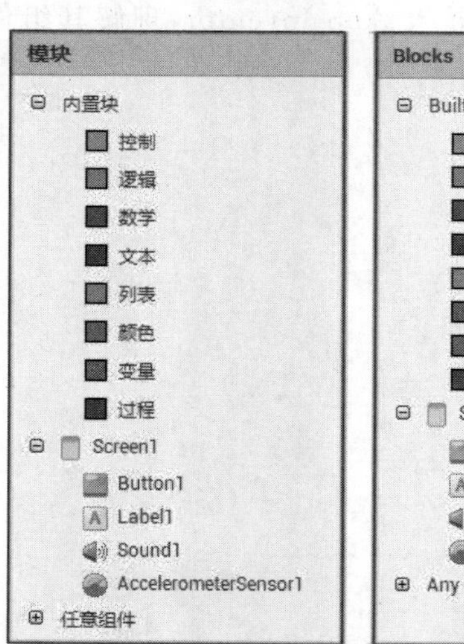

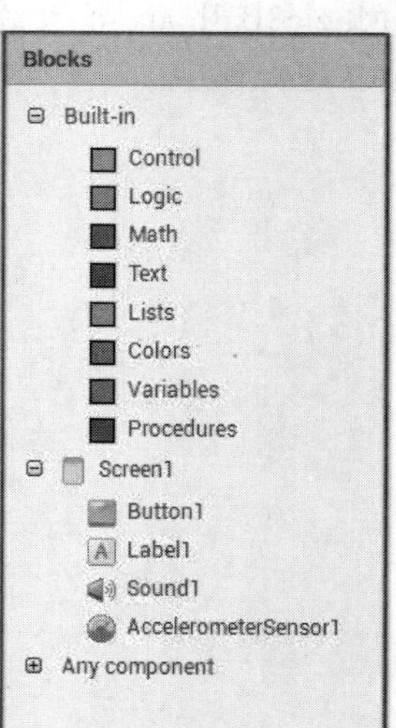

图 2-1 模块

2.1　控制

控制模块用来实现 App Inventor 程序的选择结构和循环结构。

2.1.1　选择结构

选择结构包括单分支选择(if)、双分支选择(if-else)和多分支选择(if-else if)，如图 2-2 所示。

图 2-2　选择结构

提示：可通过工具件增加多分支结构的分支数量。

案例 2-1　成绩等级判定

参考源程序：if_1. aia，if_elseif. aia

【功能描述】

分别利用单分支选择(if)和多分支选择(if-else if)开发一个 App。用户输入学生成绩，App 可输出学生成绩等级。判定规则如下：如果成绩大于或等于 90 分，成绩等级判定为优秀；如果成绩大于或等于 80 分并且小于 90 分，成绩等级判定为良好；如果成绩大于或等于 70 分并且小于 80 分，成绩等级判定为中等；如果成绩大于或等于 60 分并且小于 70 分，成绩等级判定为及格；如果成绩小于 60 分，成绩等级判定为不及格。

【组件设计】

组件设计如图 2-3 所示。

(1) 设计文本输入框 TextBox1，用于输入学生成绩。

(2) 设计标签 Label1，用于显示学生成绩等级。

(3) 设计按钮 Button1，用于触发代码运行。

【逻辑设计】

方法一：单分支选择(if)。

(1) 定义全局变量 grade 和 score 并赋初始值。

initialize global grade to " "　initialize global score to 0

(2) 在按钮 Button1 的 Click 事件下：

① 将文本输入框 TextBox1 的 Text 值赋给全局变量 score。

② 使用单分支选择(if)判断 score 的大小，确定成绩等级 grade。

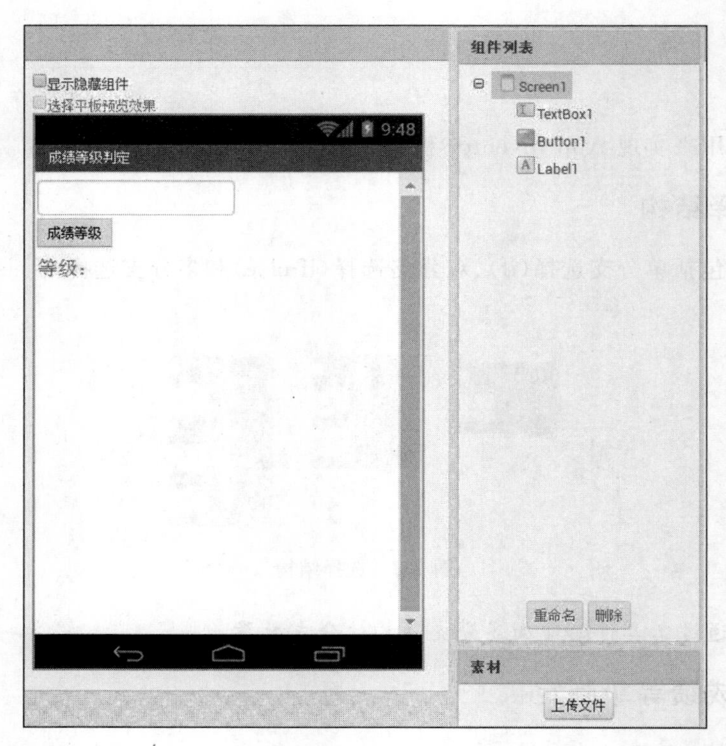

图 2-3　组件设计

③ 将成绩等级 grade 的值赋给 Label1 的 Text 属性并显示结果。

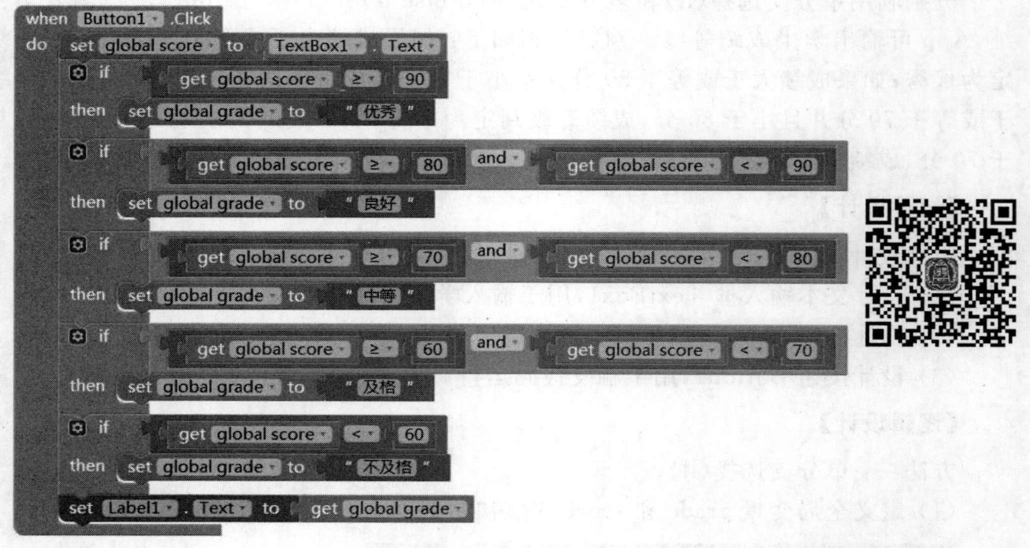

方法二：多分支选择(if-else if)。

```
initialize global grade to " "        initialize global score to 0
when Button1 .Click
do  set global score to TextBox1 . Text
    if       get global score ≥ 90
    then     set global grade to " 优秀 "
    else if  get global score ≥ 80
    then     set global grade to " 良好 "
    else if  get global score ≥ 70
    then     set global grade to " 中等 "
    else if  get global score ≥ 60
    then     set global grade to " 及格 "
    else     set global grade to " 不及格 "
    set Label1 . Text to get global grade
```

【运行结果】

运行结果如图 2-4 所示。

图 2-4　两种方法的运行结果

案例 2-2　计算标准身高

参考源程序：if_else_Return. aia

【功能描述】

使用带返回值的双分支选择(if-else)设计一个 App，可根据身高和性别计算标准体重，计算公式为

男生：标准体重=(身高－100)×0.90

女生：标准体重=(身高－105)×0.92

【组件设计】

组件设计如图 2-5 所示。

(1) 设计文本输入框 TextBox_Height 和 TextBox_Sex，分别用于输入身高和性别。

(2) 设计标签 Label_result，用于显示结果。

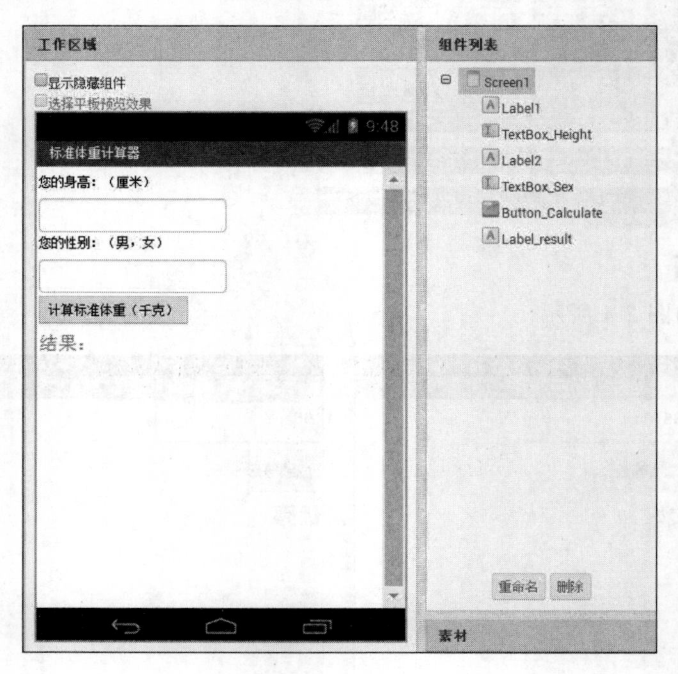

图 2-5　组件设计

【逻辑设计】

使用带返回值的双分支结构实现。

```
when Button_Calculate .Click
do  set Label_result . Text to  if    TextBox_Sex . Text = "男"
                                then  TextBox_Height . Text - 100 × 0.9
                                else  TextBox_Height . Text - 105 × 0.92
```

提示：不带返回值和带返回值的双分支结构块的形状不同，如图 2-6 所示。

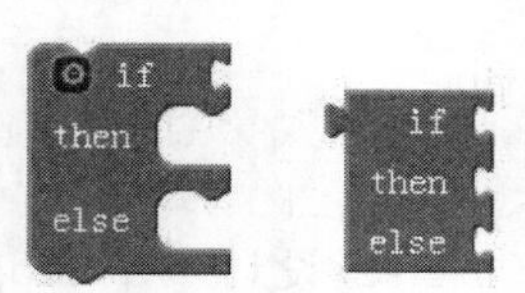

图 2-6　不带返回值和带返回值的双分支结构比较

【运行结果】

运行结果如图 2-7 所示。

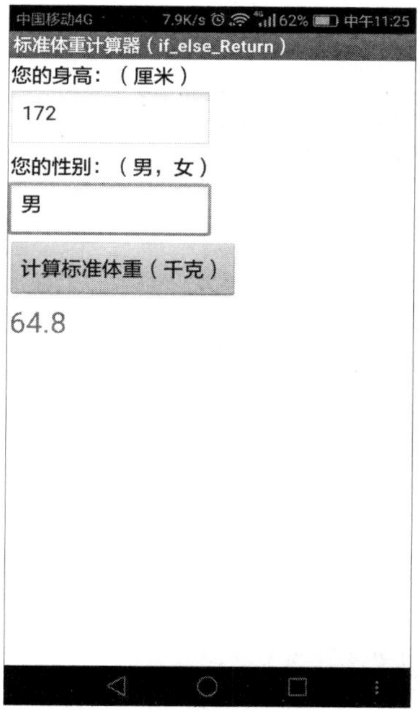

图 2-7　运行结果

2.1.2　循环结构

循环结构包括计数循环(for each number)、逐项循环(for each item)和条件循环(while)3 种结构,如图 2-8 所示。

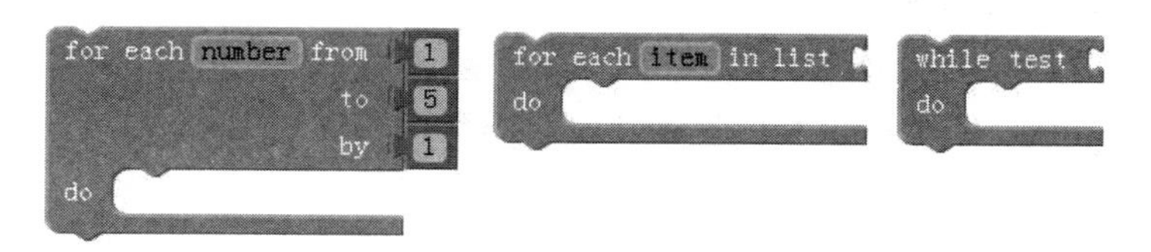

图 2-8　3 种循环结构

案例 2-3　使用计数循环计算 1+2+…+*n*

参考源程序:for_each_number_1.aia

【功能描述】

设计一个 App,使用计数循环(for each number)计算 1+2+…+*n*。

【组件设计】

组件设计如图 2-9 所示。

(1) 设计文本输入框 TextBox_n，用于输入变量 *n* 的值。

(2) 设计标签 Label_Result，用于显示结果。

(3) 设计按钮 Button_calculate，用于触发代码运行。

图 2-9　组件设计

【逻辑设计】

(1) 初始化全局变量 sum，初始值为 0。

```
initialize global sum to 0
```

(2) 在按钮 Button_calculate 的 Click 事件下：

① 使用计数循环(for each number)。

② 给循环变量 i 赋初始值(为 1)，终值通过文本输入框 TextBox_n 的 Text 属性获取。

③ 累加求和：sum＝sum＋i。

④ 将结果赋给 Label_Result 的 Text 属性并显示。

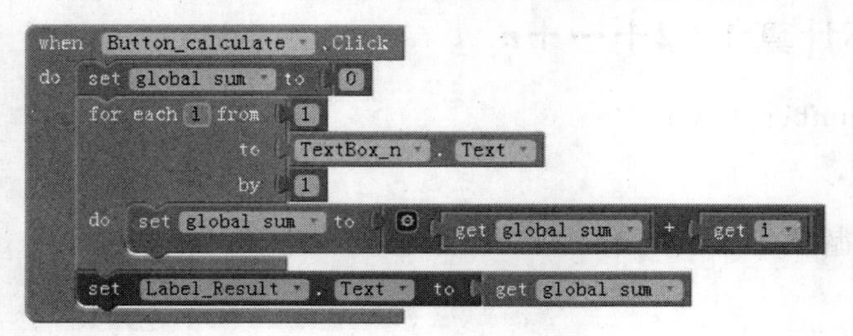

【运行结果】

运行结果如图 2-10 所示。

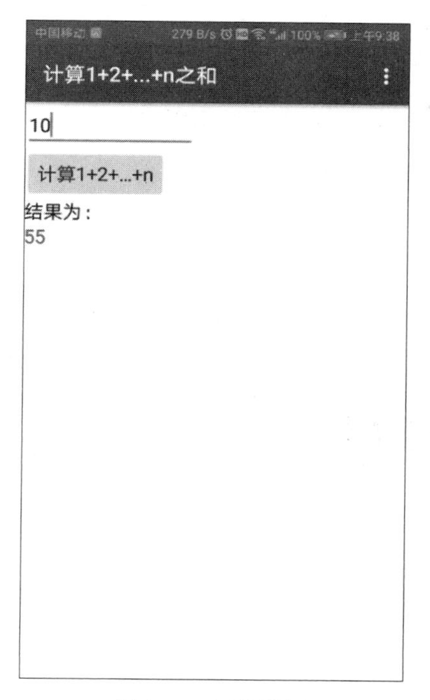

图 2-10　运行结果

案例 2-4　使用计数循环计算 *n*!

参考源程序：for_each_number_2. aia

【功能描述】

设计一个 App，使用计数循环(for each number)计算 *n*!。

【组件设计】

组件设计如图 2-11 所示，与案例 2-3 相似。

【逻辑设计】

(1) 初始化全局变量 sum，初始值为 1。

(2) 在按钮 Button_calculate 的 Click 事件下：

① 使用计数循环(for each number)。i 为循环变量，其初值为 1，终值通过文本输入框 TextBox_n 的 Text 属性获取。

② 累乘求积：sum＝sum * i。

③ 将累乘求积结果赋给 Label_Result 的 Text 属性并显示。

```
initialize global sum to 1
when Button_calculate .Click
do  set global sum to 1
    for each i from 1
                to TextBox_n . Text
                by 1
    do  set global sum to  get global sum × get i
    set Label_Result . Text to get global sum
```

【运行结果】

运行结果如图 2-12 所示。

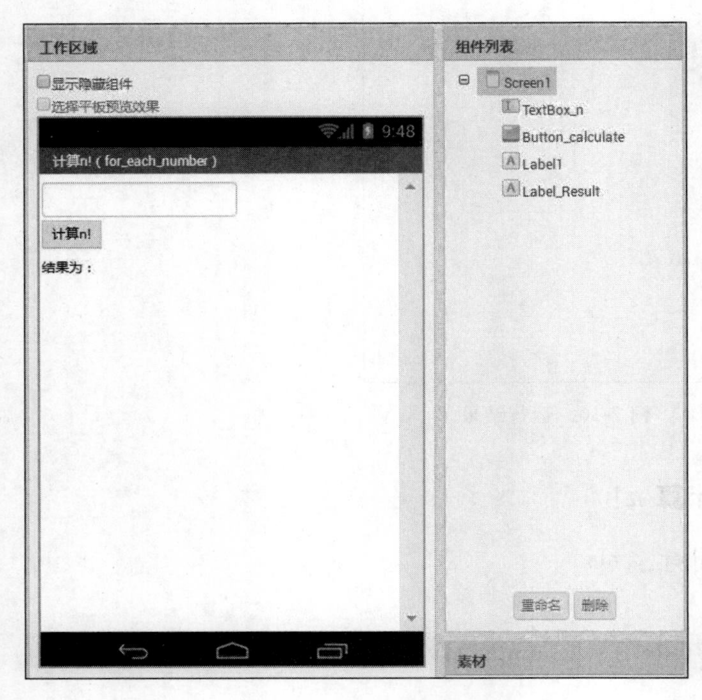

图 2-11　组件设计

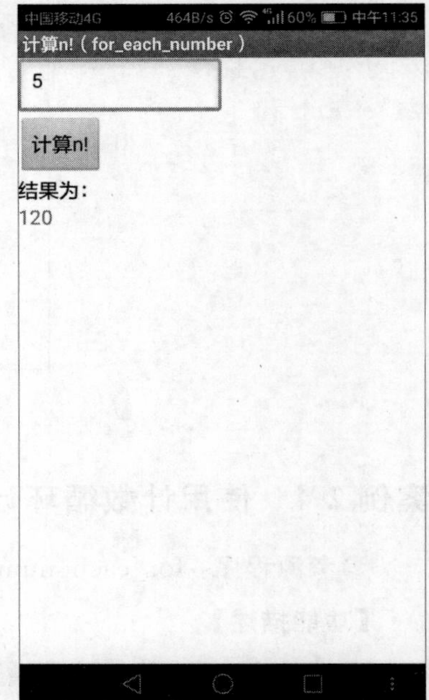

图 2-12　运行结果

案例 2-5　使用逐项循环计算随机数之和

参考源程序：for_each_item. aia

【功能描述】

设计一个 App，使用逐项循环(for each item)计算 4 个随机数之和。

【组件设计】

组件设计如图 2-13 所示。

(1) 设计标签 Label_Result，用于显示结果。

(2) 设计按钮 Button_Calculate，用于触发代码运行。

图 2-13　组件设计

【逻辑设计】

（1）初始化全局变量 sum，初始值为 0。

（2）在按钮 Button_Calculate 的 Click 事件下：

① 通过 make a list 代码块创建列表。列表项使用随机函数 random 自动生成 4 个 1～100 的整数。

② 使用逐项循环(for each item)。

③ 累加求和：sum＝sum＋i。

④ 通过标签 Label_Result 的 Text 属性显示累加求和结果。

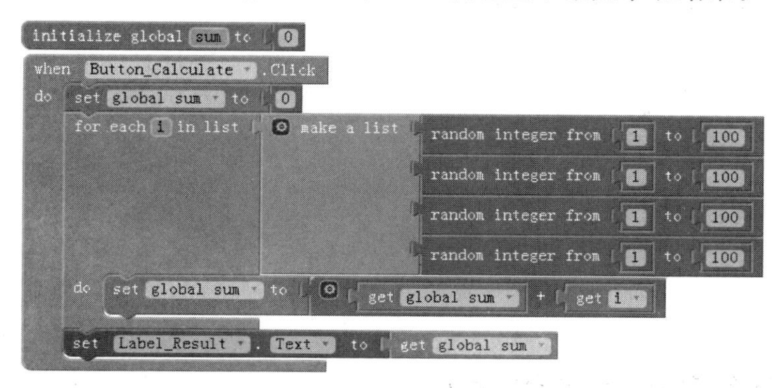

【运行结果】

运行结果如图 2-14 所示。

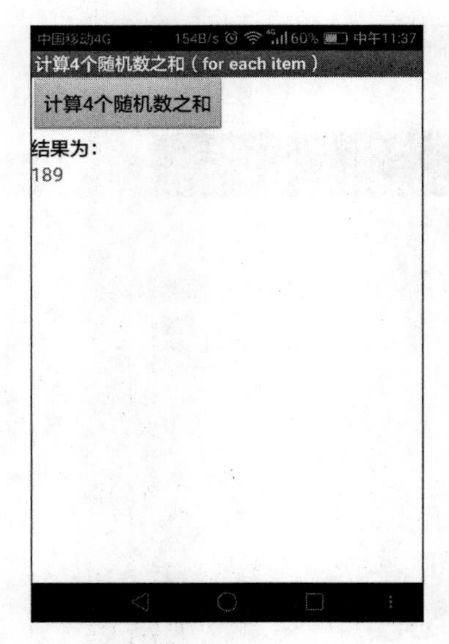

图 2-14　运行结果

案例 2-6　使用条件循环计算 $n!$

参考源程序：while. aia

【功能描述】

设计一个 App，使用条件循环（while）计算 $n!$。

【组件设计】

组件设计如图 2-15 所示。

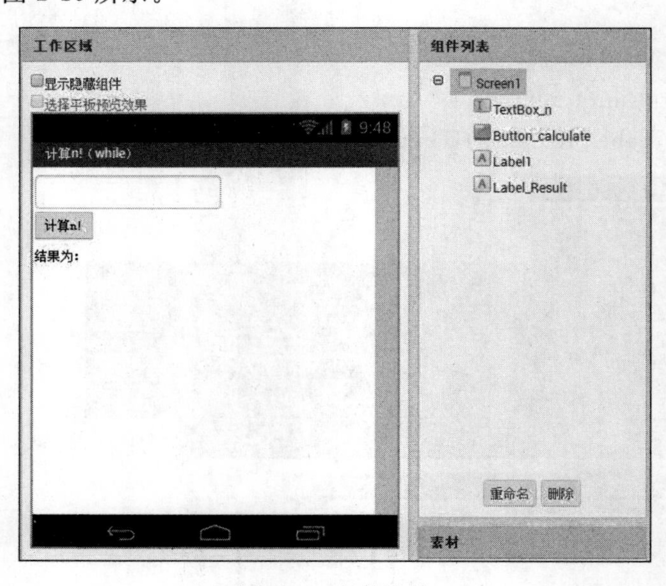

图 2-15　组件设计

(1) 设计文本输入框 TextBox_n,用于输入 n 的值。

(2) 设计按钮 Button_calculate,用于触发代码运行。

(3) 设计标签 Label_Result,用于显示结果。

【逻辑设计】

(1) 定义全局变量 sum 和 i,sum 用来累乘求积,i 作为递增变量。

```
initialize global sum to 1        initialize global i to 1
```

(2) 在按钮 Button_calculate 的 Click 事件下:

① 给 sum 和 i 赋初始值 1。

② 使用条件循环(while)。把文本输入框 TextBox_n 的 Text 属性值作为循环条件。

③ 累乘求积: sum=sum * i;递增变量值: i=i+1。

④ 将累乘求积结果赋给标签 Label_Result 的 Text 属性并显示。

```
when Button_calculate .Click
do  set global sum to 1
    set global i to 1
    while test  get global i ≤ TextBox_n . Text
    do  set global sum to  get global sum × get global i
        set global i to  get global i + 1
    set Label_Result . Text to  get global sum
```

【运行结果】

运行结果如图 2-16 所示。

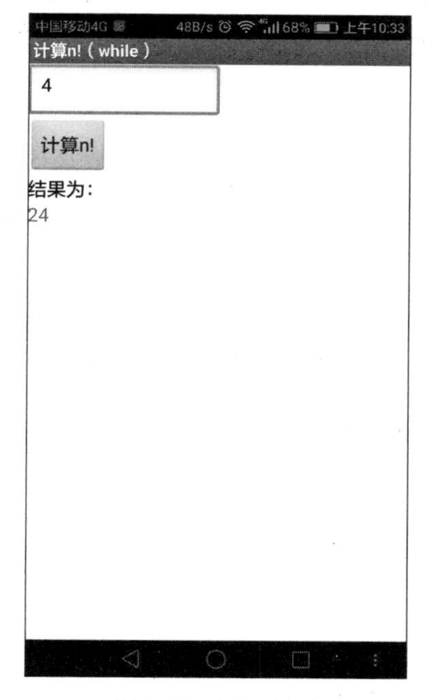

图 2-16 运行结果

2.2 逻辑

逻辑模块包括 true、false 这两个布尔值和 not、=、and、or 这 4 个逻辑运算符。

2.3 数学

数学模块包括基本数字、关系运算符、算术运算符、随机数函数、数学函数、模运算函数、三角函数和反三角函数、角度/弧度转换函数：进制转换函数、判断是否为数字的函数、判断进制的函数和设置小数位数的函数等。

提示：数字和文本的格式不同，数字为数值类型，文本为字符串类型，代码块显示颜色不同，如图 2-17 所示。

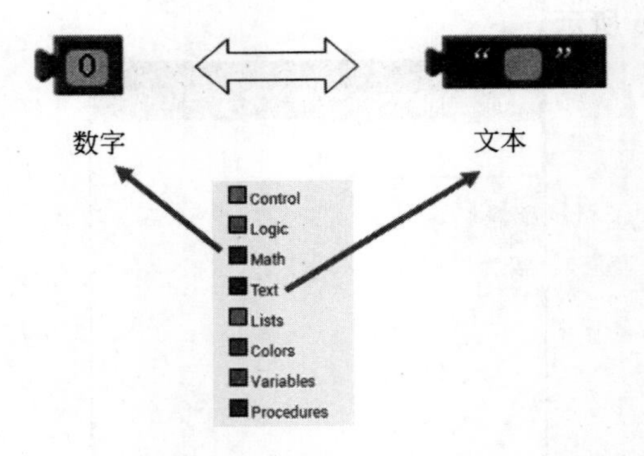

图 2-17 数字和文本比较

数学模块中的关系运算符如下：

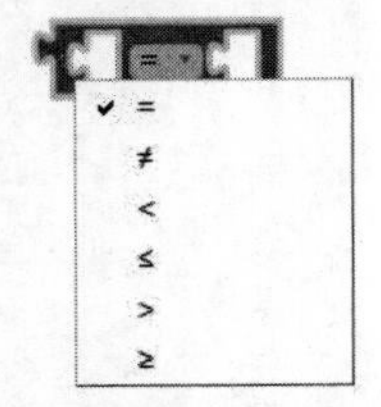

数学模块中的算术运算符如下：

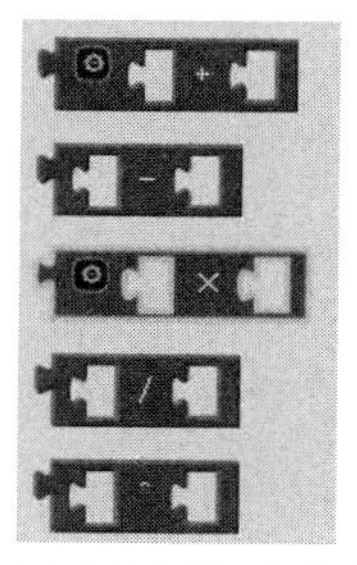

数学模块中的随机数函数如下：

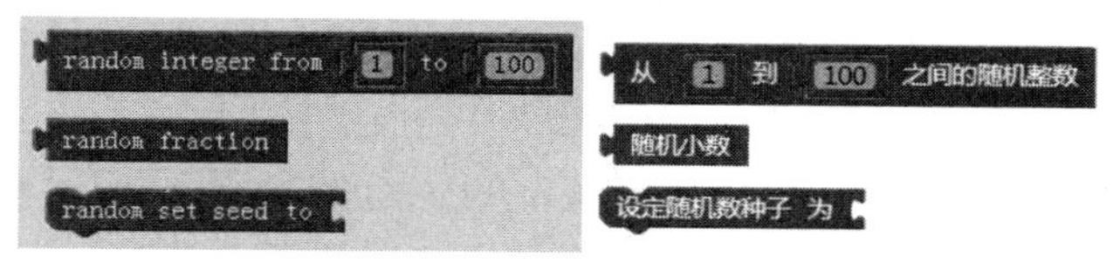

数学模块中的数学函数包括平方根(square root)、绝对值(absolute)、负数值(neg)、对数值(log)、e的乘方(e^)、四舍五入(round)、就高取整(ceiling)和就低取整(floor)等。

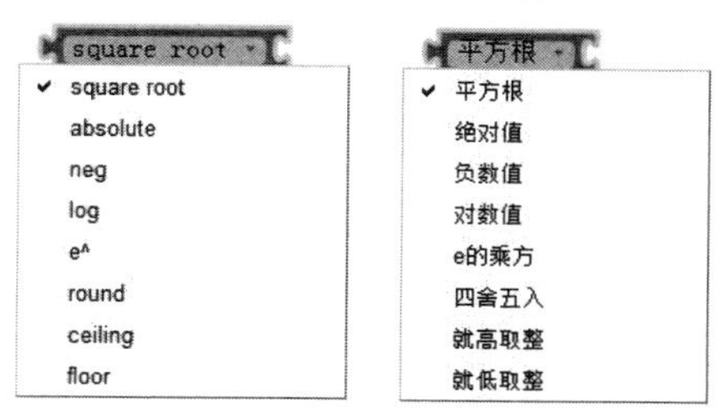

数学模块中的模运算函数包括模数(modulo)、余数(remainder)和商数(quotient)。

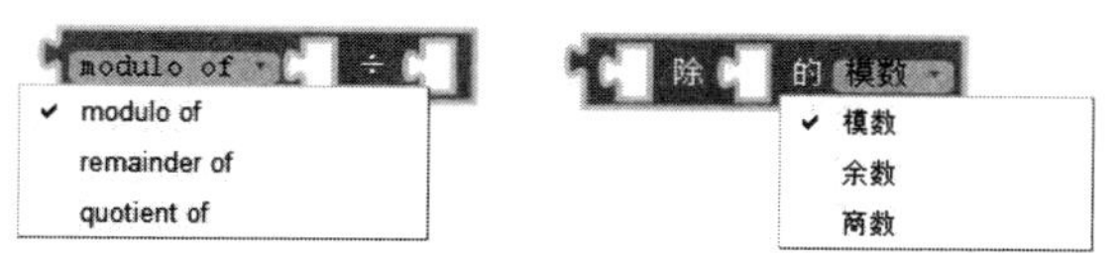

数学模块中的三角函数和反三角函数如下：

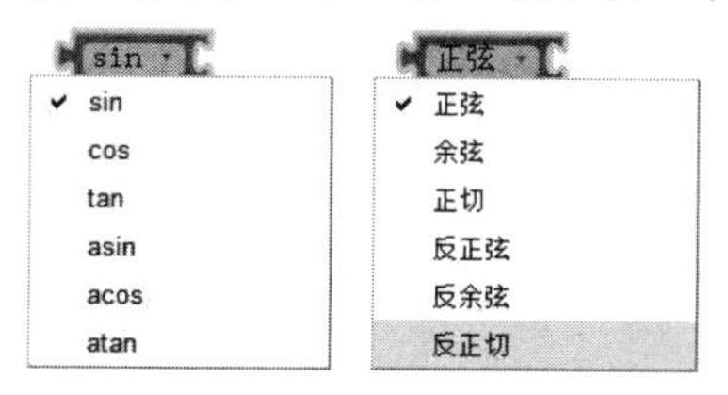

数学模块中的角度/弧度转换函数如下：

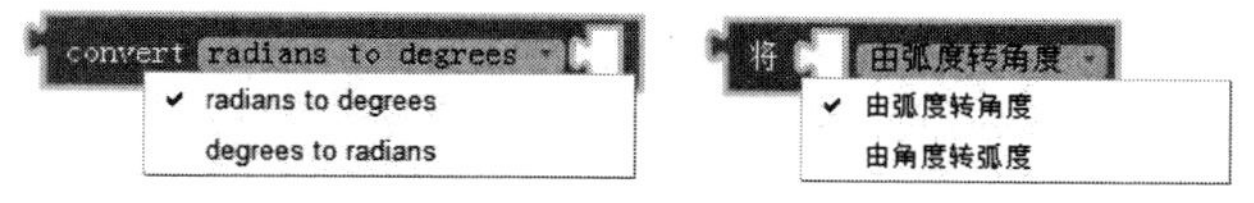

数学模块中的进制转换函数如下：

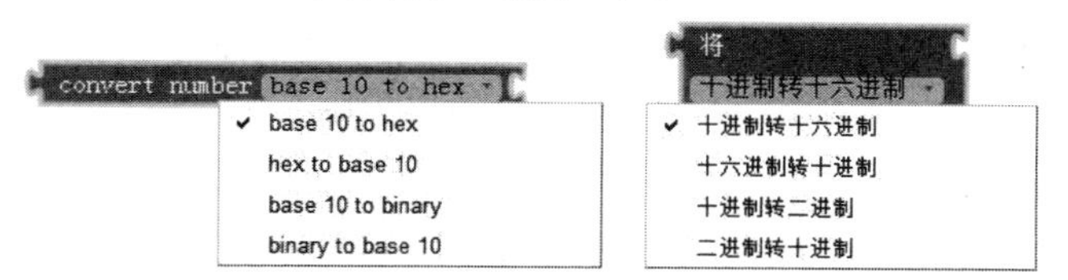

数学模块中判断是否为数字和判断进制的函数如下：

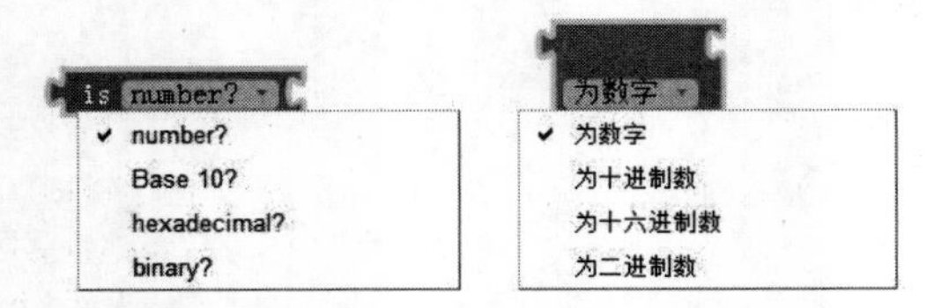

数学模块中设置小数位数的函数如下：

案例 2-7 随机抽奖程序

参考源程序：Random. aia

【功能描述】

设计一个 App，在规定的号码范围内随机抽取中奖号码。

【组件设计】

组件设计如图 2-18 所示。

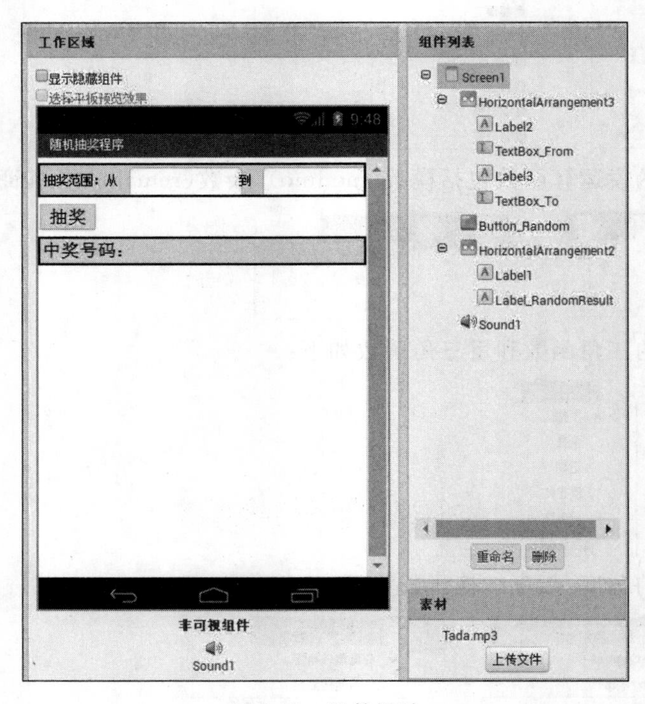

图 2-18 组件设计

（1）设计文本输入框 TextBox_From 和 TextBox_To，分别用于输入抽奖范围的最小值和最大值。

（2）设计按钮 Button_Random，用于触发代码运行。

（3）设计标签 Label_RandomResult，用于显示抽奖结果。

(4) 设计音效 Sound1,用于在抽奖结束后播放声音。

【逻辑设计】

在按钮 Button_Random 的 Click 事件下:

(1) 定义局部变量 x 和 y,用于存储文本输入框 TextBox_From 和 TextBox_To 的 Text 属性值。

(2) 通过 random 函数在 x 和 y 之间生成随机整数值。

(3) 调用 Sound1 的 Play 方法播放声音。

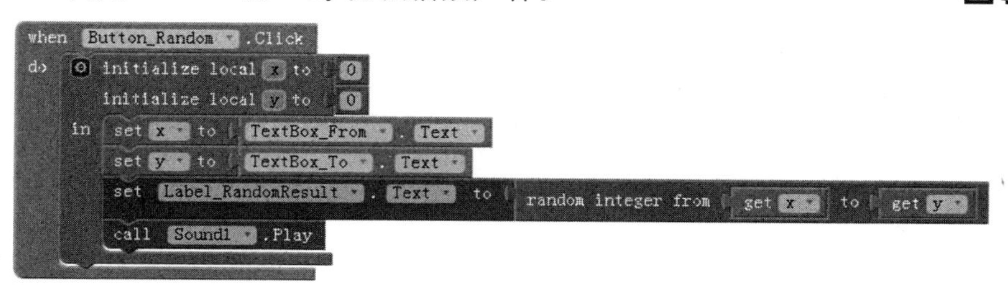

【运行结果】

运行结果如图 2-19 所示。

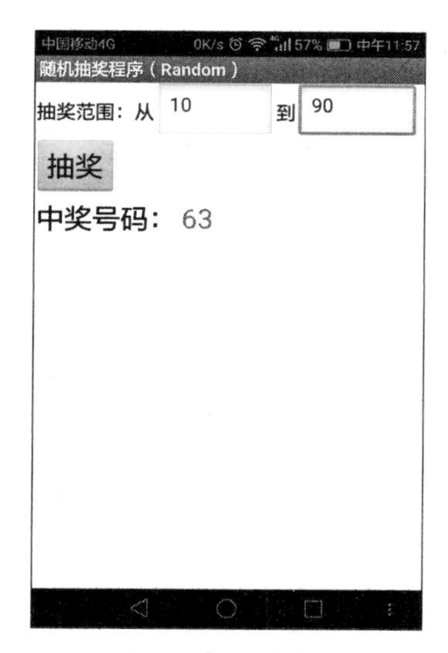

图 2-19　运行结果

案例 2-8　闰年计算

参考源程序：Math.aia

【功能描述】

设计一个 App,输入年份,判定是否为闰年。闰年判断条件如下:

(1) 非整百年数除以 4 无余数为闰年。

(2) 整百年数除以 400 无余数为闰年。

【组件设计】

组件设计如图 2-20 所示。

(1) 设计文本输入框 TextBox_Year,用于输入年份。

(2) 设计按钮 Button_Leap,用于触发代码运行。

(3) 设计标签 Label_Result,用于显示结果。

图 2-20　组件设计

【逻辑设计】

(1) 定义全局变量 year;初始值为 0。

```
initialize global year to 0
```

(2) 在按钮 Button_Leap 的 Click 事件下:

① 使用双分支选择(if-else),检测输入年份是否为数字(number),若不是,则提示"您输入的不是年份,请重新输入!"。

② 在 if 语句的第一个分支再嵌套双分支选择(if-else),根据闰年的两个判定条件对输入的年份进行判定。如果符合条件,输出信息"您输入的年份是闰年";否则,输出信息"您输入的年份不是闰年"。

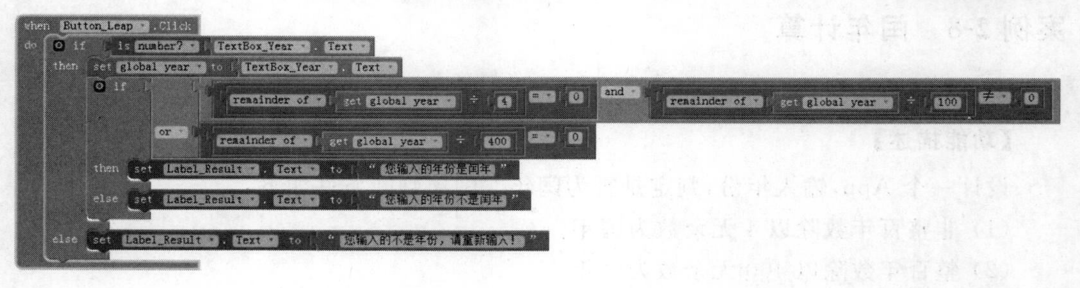

提示：闰年的两个条件的关系为“或”(or)；而第一个条件中的“非整百年数除以 4”和“无余数为闰年”的关系为“与”(and)。

【运行结果】

运行结果如图 2-21 所示。

图 2-21　运行结果

2.4　文本

文本模块包括以下功能：

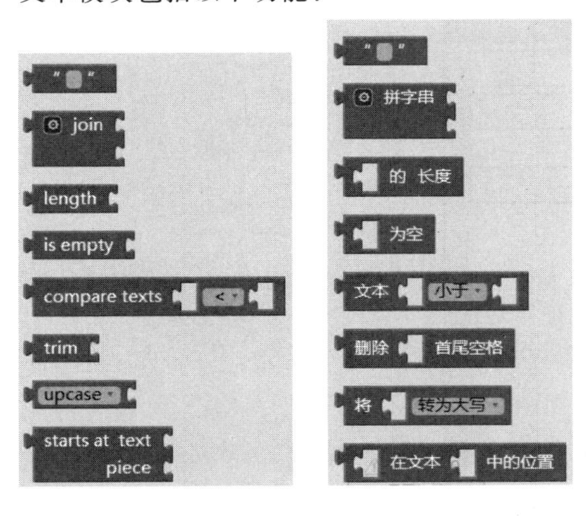

2.5 列表

列表模块包括以下功能：

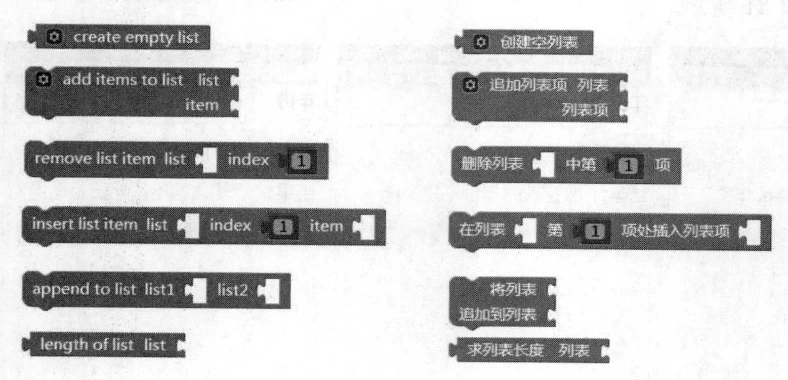

案例 2-9 一维列表的添加、删除和显示等操作

参考源程序：Lists1. aia

【功能描述】

设计一个 App，在一维列表中添加列表项、删除列表项、显示列表长度和列表项。

【组件设计】

组件设计如图 2-22 所示。

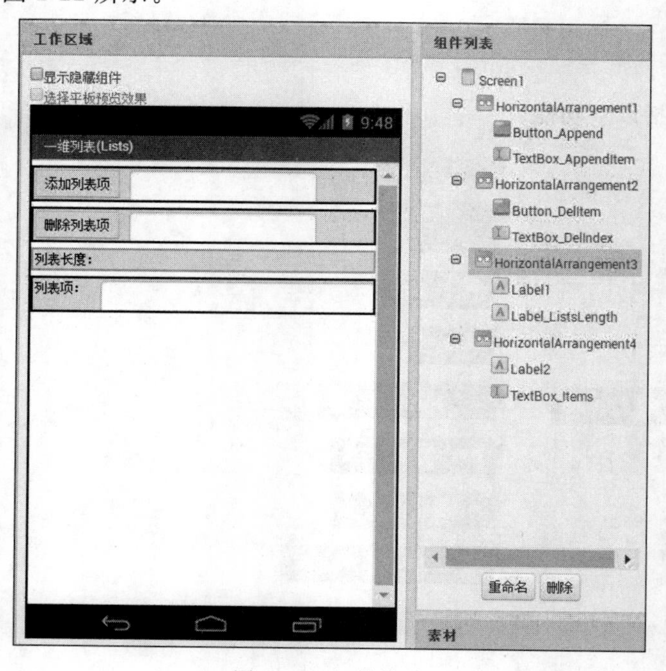

图 2-22 组件设计

（1）设计文本输入框 TextBox_AppendItem，用于输入要添加的列表项；设计一个文本输入框 TextBox_DelIndex，用于输入要删除的列表项的索引号；设计一个文本输入框 TextBox_Items，用于显示列表项的值。

（2）设计标签 Label_ListsLength，用于显示列表长度。

（3）设计按钮 Button_Append 和 Button_DelItem，其 Click 事件触发代码运行，分别实现添加和删除列表项。

【逻辑设计】

（1）定义全局变量 List_Name，并初始化列表值。

```
initialize global Lists_Name to  make a list  " 赵一 "
                                              " 钱二 "
                                              " 孙三 "
                                              " 李四 "
```

（2）在屏幕 Screen1 的初始化事件下，将列表值和列表长度分别赋给 TextBox_Items 和 Label_ListsLength 的 Text 属性并显示。

```
when Screen1 .Initialize
do  set TextBox_Items . Text to  get global Lists_Name
    set Label_ListsLength . Text to  length of list list  get global Lists_Name
```

（3）编写按钮 Button_Append 的 Click 事件代码。如果文本输入框 TextBox_AppendItem 输入列表项值为空，该文本框自动获取焦点（RequestFocus），否则，将列表项值添加（add）到列表 List_Name 中；刷新 TextBox_Items 显示的列表项的值和 Label_ListsLength 显示的列表长度；清空文本输入框。

```
when Button_Append .Click
do  if    is empty  TextBox_AppendItem . Text
    then  call TextBox_AppendItem .RequestFocus
    else  add items to list  list  get global Lists_Name
                             item  TextBox_AppendItem . Text
          set TextBox_Items . Text to  get global Lists_Name
          set Label_ListsLength . Text to  length of list list  get global Lists_Name
          set TextBox_AppendItem . Text to  " "
```

（4）编写按钮 Button_DelItem 的 Click 事件代码。如果文本输入框 TextBox_DelIndex 输入列表项索引号为空，该文本框自动获取焦点（RequestFocus），否则，将该索引号（index）下的列表项值删除（remove）；刷新 TextBox_Items 显示的列表项的值和 Label_ListsLength 显示的列表长度；清空文本输入框。

```
when Button_DelItem .Click
do  if    is empty  TextBox_DelIndex . Text
    then  call TextBox_DelIndex .RequestFocus
    else  remove list item  list  get global Lists_Name
                            index  TextBox_DelIndex . Text
          set TextBox_Items . Text to  get global Lists_Name
          set Label_ListsLength . Text to  length of list list  get global Lists_Name
          set TextBox_DelIndex . Text to  " "
```

【运行结果】

(1) 打开 App,显示列表长度和列表项。

(2) 在 TextBox_AppendItem 中输入列表项值(例如“刘德华”),单击“添加列表项”按钮,列表长度和列表项刷新显示,如图 2-23 所示。

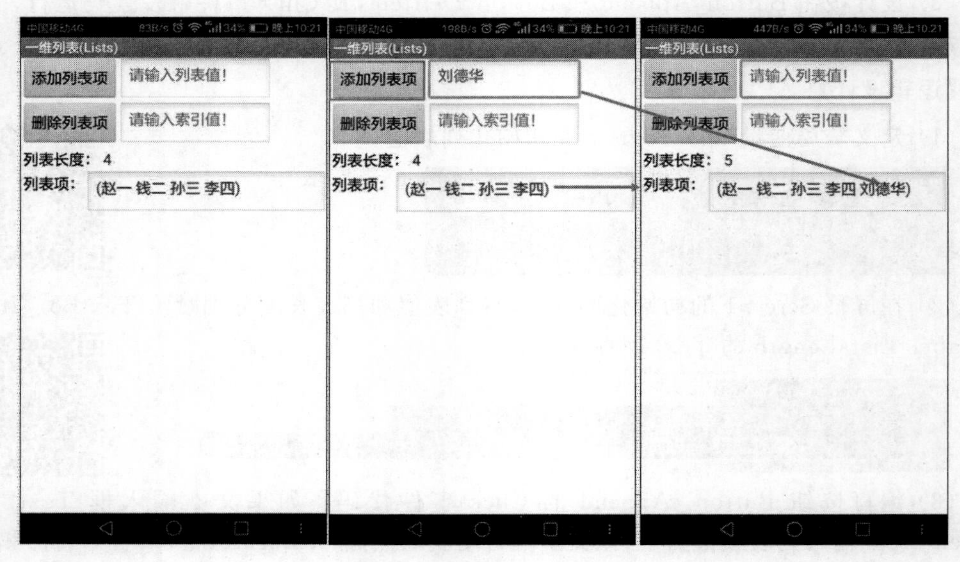

图 2-23 添加列表项运行结果

(3) 在 TextBox_DelIndex 中输入列表项索引号(例如 2),单击“删除列表项”按钮,列表长度和列表项刷新显示,如图 2-24 所示。

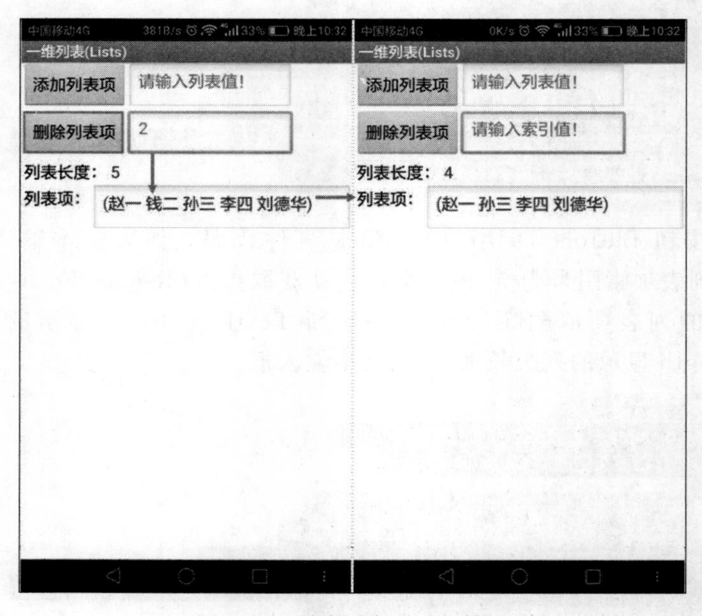

图 2-24 删除列表项运行结果

案例 2-10　二维列表的添加、删除和显示等操作

参考源程序：Lists2.aia

【功能描述】

设计一个 App，在二维列表中添加一行、删除一行和显示列表项。

【组件设计】

组件设计如图 2-25 所示。

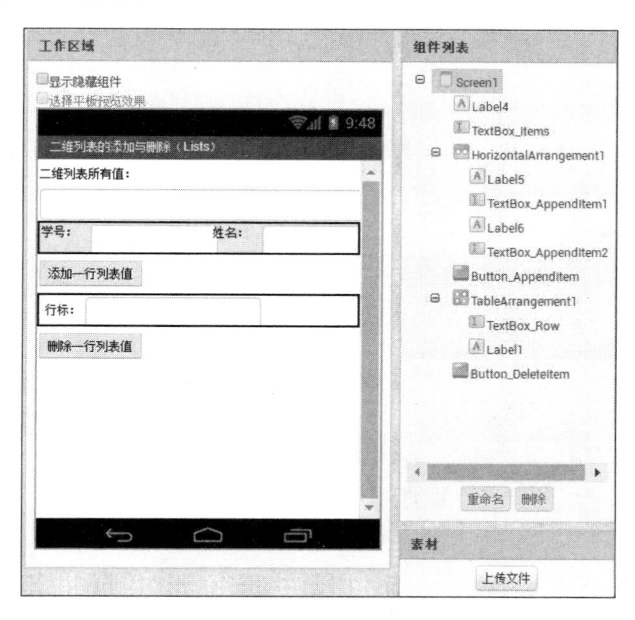

图 2-25　组件设计

(1) 设计文本输入框 TextBox_Items，用于显示二维列表的所有列表项值；设计两个文本输入框 TextBox_AppendItem1 和 TextBox_AppendItem2，用于输入添加到二维列表的列表项值；设计一个文本输入框 TextBox_Row，用于输入需要删除的二维列表某行的行标。

(2) 设计按钮 Button_AppendItem 和 Button_DeleteItem，分别用于触发 Click 事件以实现列表项的添加和删除功能。

【逻辑设计】

(1) 定义全局变量 Stu_Inf，并使用 make a list 代码块创建二维列表，且赋 4 行值。

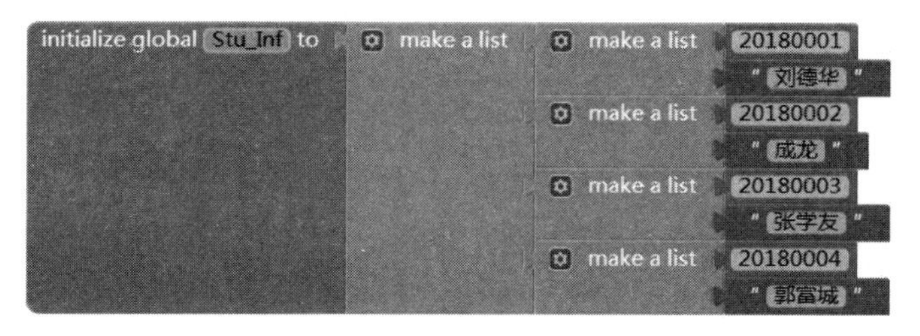

(2) 在屏幕 Screen1 初始化事件下,将二维列表值赋给文本输入框 TextBox_Items 的 Text 属性。

提示:csv 是列表的一种显示格式。

```
when Screen1 .Initialize
do  set TextBox_Items . Text to  list to csv table list  get global Stu_Inf
```

(3) 在按钮 Button_AppendItem 的 Click 事件下,调用 append 命令将文本输入框 TextBox_AppendItem1 和 TextBox_AppendItem2 中输入的值作为二维列表 list2 追加到原来的二维列表 list1(即 Stu_Inf)中;刷新 TextBox_Items 中显示的 Text 值,即二维列表值。

提示:与前面案例相同的代码(例如,通过 if 双分支结构检测文本输入框为空时获取焦点,清空文本)不再重复介绍,可参考前面案例的逻辑设计。

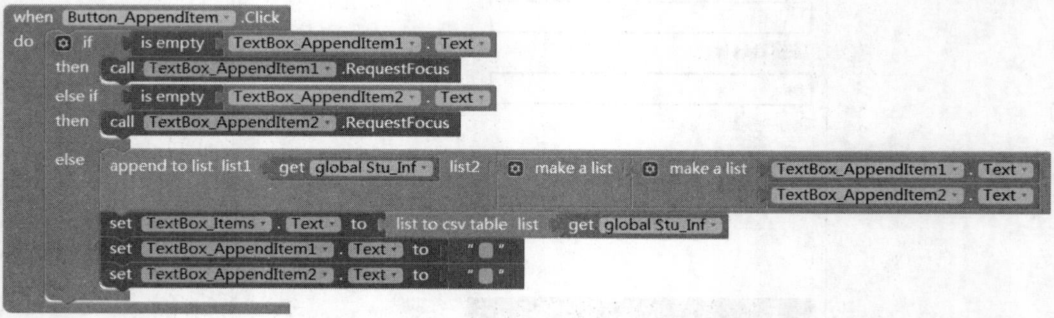

```
when Button_AppendItem .Click
do  if      is empty  TextBox_AppendItem1 . Text
    then    call TextBox_AppendItem1 .RequestFocus
    else if is empty  TextBox_AppendItem2 . Text
    then    call TextBox_AppendItem2 .RequestFocus
    else    append to list list1  get global Stu_Inf
                           list2  make a list  make a list  TextBox_AppendItem1 . Text
                                                            TextBox_AppendItem2 . Text
            set TextBox_Items . Text to  list to csv table list  get global Stu_Inf
            set TextBox_AppendItem1 . Text to  " "
            set TextBox_AppendItem2 . Text to  " "
```

(4) 在按钮 Button_DeleteItem 的 Click 事件下,调用 remove 命令,根据 TextBox_Row 中输入的行标,删除二维列表某行的列表项值;刷新 TextBox_Items 中显示的 Text 值,即二维列表中所有列表项的值。

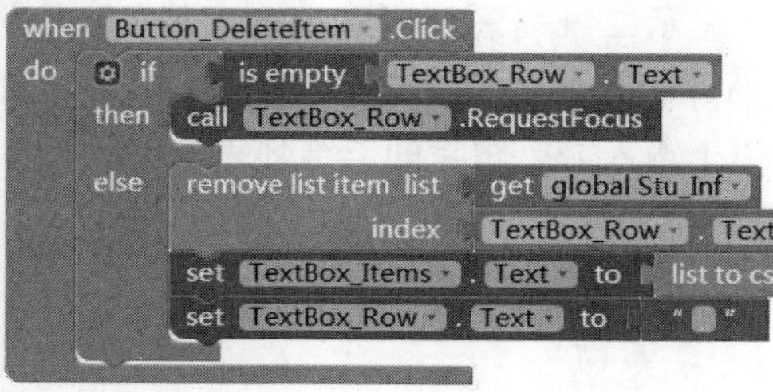

```
when Button_DeleteItem .Click
do  if    is empty  TextBox_Row . Text
    then  call TextBox_Row .RequestFocus
    else  remove list item list   get global Stu_Inf
                           index  TextBox_Row . Text
          set TextBox_Items . Text to  list to csv table list  get global Stu_Inf
          set TextBox_Row . Text to  " "
```

【运行结果】

(1) 打开 App,显示二维列表中所有列表项的值。

(2) 输入学号和姓名,单击"添加一行列表值"按钮,将输入的列表值作为一行加入到二维列表中,如图 2-26 所示。

(3) 输入行标,单击"删除一行列表值"按钮,将该行删除,如图 2-27 所示。

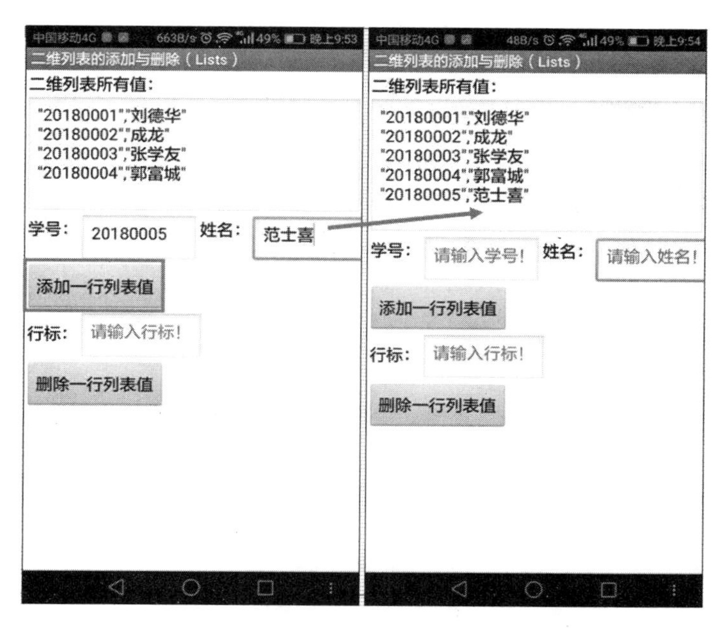

图 2-26　添加一行列表值运行结果

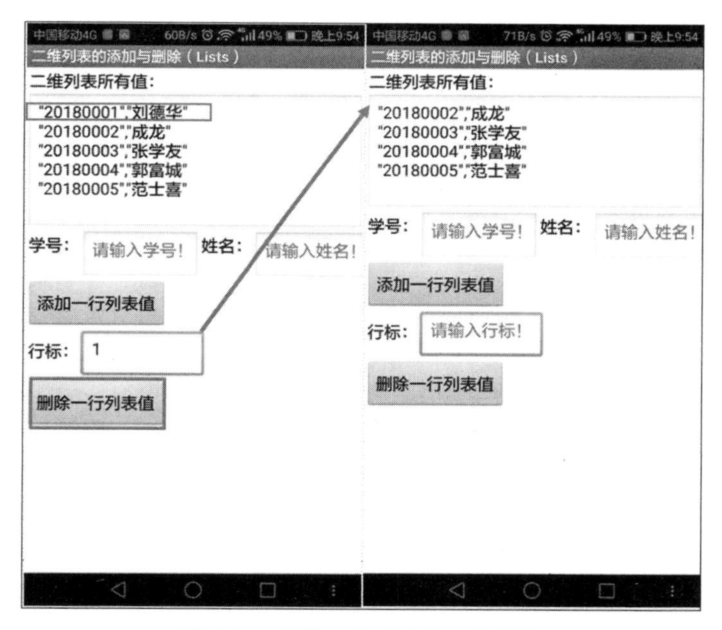

图 2-27　删除一行列表值运行结果

2.6　颜色

颜色模块包括基本颜色、合成颜色和分解色值 3 个功能。

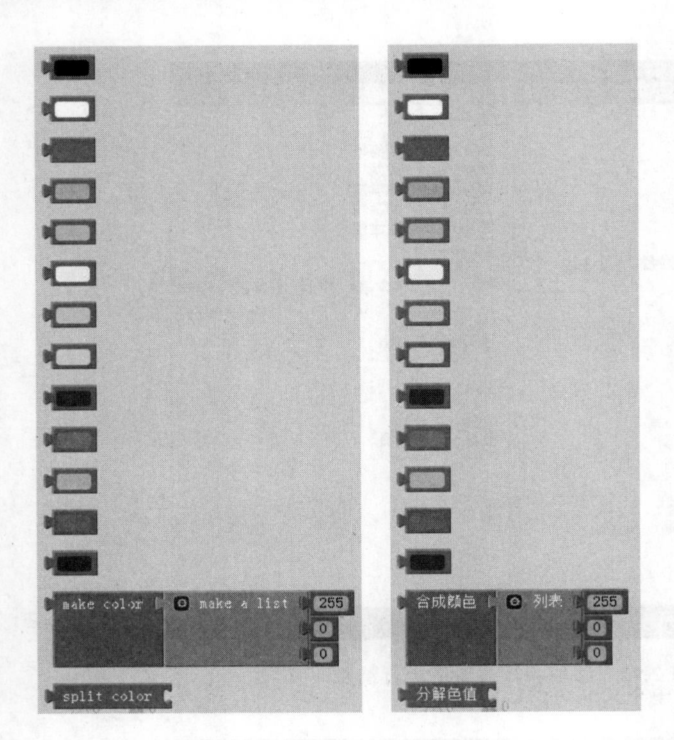

案例 2-11　颜色合成与分解

参考源程序：Color. aia

【功能描述】

设计一个 App，实现颜色合成与分解。

【组件设计】

组件设计如图 2-28 所示。

(1) 设计文本输入框 TextBox_R、TextBox_G、TextBox_B 和 TextBox_Alpha，分别用于输入颜色的 R、G、B 值和透明度值。

(2) 设计标签 Label_MakeColor，通过其背景色（Backgroundcolor）属性显示合成颜色。

(3) 设计标签 Label_SplitColor，通过其 Text 属性显示标签 Label_MakeColor 的背景色（Backgroundcolor）的分解值。

(4) 设计按钮 Button_MakeColor 和 Button_SplitColor，分别用于触发 Click 事件以实现颜色合成与分解。

【逻辑设计】

(1) 在按钮 Button_MakeColor 的 Click 事件下，通过 make a list 代码块创建一维列表以存储颜色的 R、G、B 值和透明度值，并通过 make color 代码块合成颜色，将其赋给标签 Label_MakeColor 的背景色（Backgroundcolor）属性。

图 2-28　组件设计

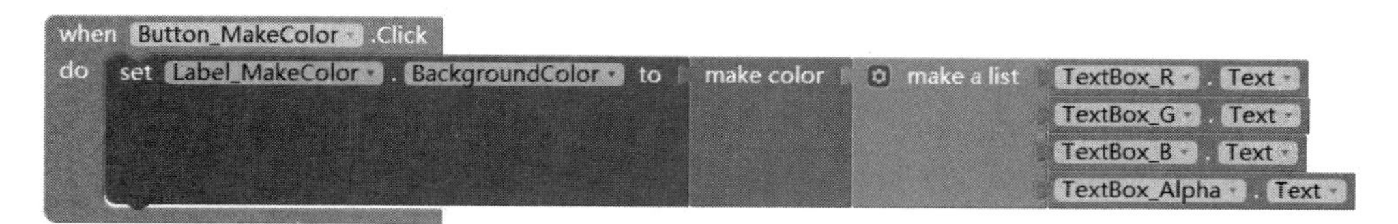

（2）在按钮 Button_SplitColor 的 Click 事件下，通过 split color 代码块分解标签 Label_MakeColor 的背景色(Backgroundcolor)，并将其赋给标签 Label_SplitColor 的 Text 属性。

【运行结果】

运行结果如图 2-29 所示。

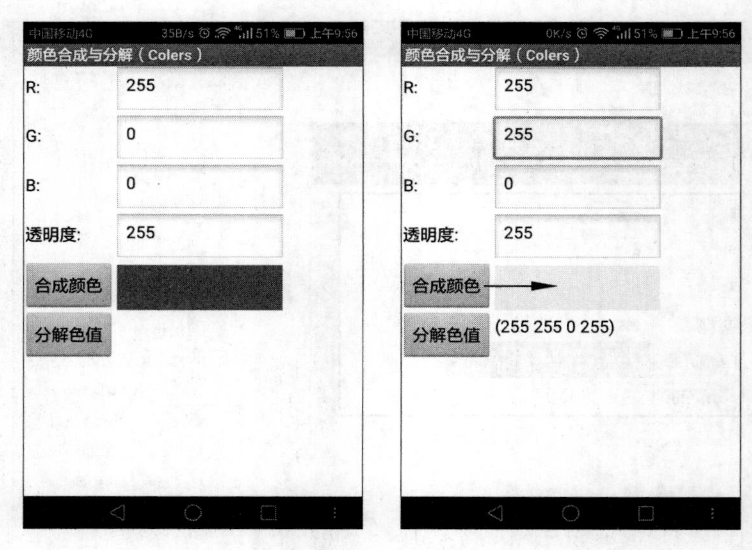

图 2-29 运行结果

2.7 变量

变量分为全局(global)变量和局部(local)变量。全局变量在应用的所有过程或事件中都有效，局部变量只在过程或事件内部有效。全局变量和局部变量的定义及初始化代码块如图 2-30 所示。

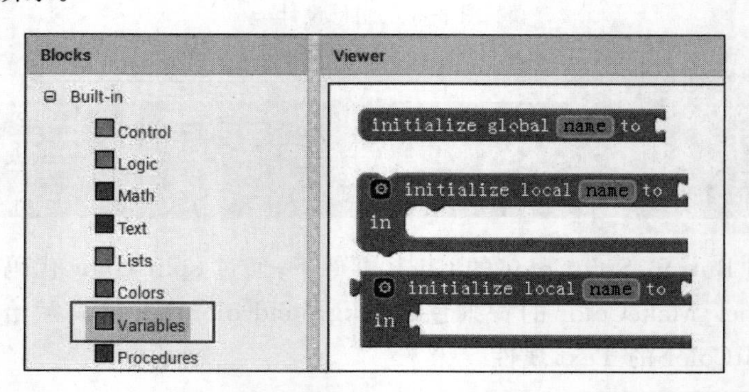

图 2-30 全局变量和局部变量的定义及初始化代码块

2.7.1 全局变量

案例 2-12 简易计算器 1

参考源程序：global_Variable.aia

【功能描述】

使用全局变量设计一个简易的计算器，计算两数之和。

【组件设计】

组件设计如图 2-31 所示。

(1) 设计水平布局对象 HorizontalArrangement1,用于控制其他组件的水平显示。

(2) 设计标签 Label_Plus 和 Label_Equal,分别用于显示＋和＝两个符号。

(3) 设计文本输入框 TextBox_Num1、TextBox_Num2 和 TextBox_Result,分别用于输入两个数值并显示计算结果。

(4) 设计按钮 Button_Calculate,利用其 Click 事件触发程序执行计算操作。

提示:为了节省篇幅,本书只列出重要属性的设置,其他属性可根据需要自行设置或采用默认设置,也可参考源程序的设置。另外,对于布局组件和完成简单显示的标签不再重复介绍。

图 2-31　简易计算器 1 组件设计

【逻辑设计】

(1) 初始化全局变量 a 和 b,初始值为 0。

```
initialize global a to 0    initialize global b to 0
```

(2) 在按钮 Button_Calculate 的 Click 事件下:

- 将文本输入框 TextBox_Num1 和 TextBox_Num2 的 Text 属性值分别赋给变量 a 和 b。
- 对变量 a 和 b 的值求和,赋给 TextBox_Result 的 Text 属性并显示。

```
when Button_Calculate .Click
do  set global a to  TextBox_Num1 . Text
    set global b to  TextBox_Num2 . Text
    set TextBox_Result . Text to  get global a + get global b
```

提示：将鼠标移到变量(例如 a)附近，弹出 get …和 set …代码块，可单击获取代码块，如下所示：

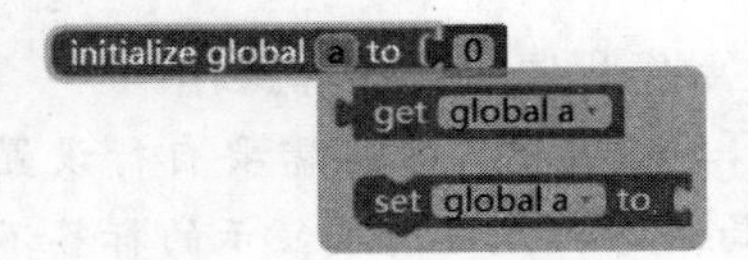

【运行结果】

(1) 在前两个文本输入框中输入变量 a 和 b 的值。

(2) 点击“计算”按钮。

(3) 计算结果显示在第三个文本输入框中，如图 2-32 所示。

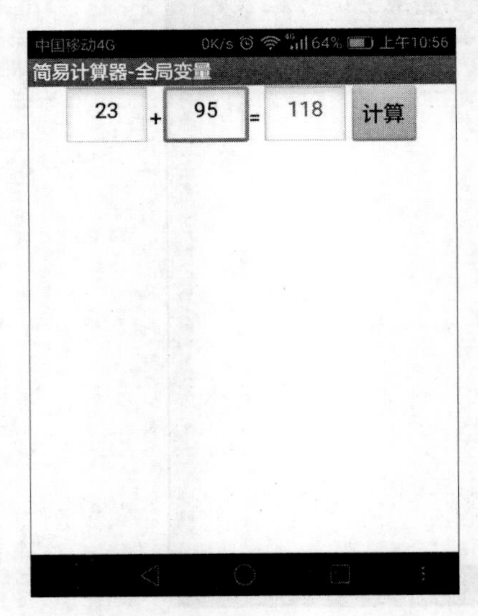

图 2-32　简易计算器 1 运行结果

2.7.2　局部变量

局部变量分为带返回值的局部变量和不带返回值的局部变量两种，这两种局部变量的代码块形状不同。例如下面的两个代码块中，第一个局部变量不带返回值，第二个局部变量带返回值。

```
initialize local name to
in
```

```
initialize local name to
in
```

代码块中的 in 确定局部变量的作用范围。

案例 2-13　简易计算器 2

参考源程序：local_Variable. aia

【功能描述】

使用局部变量设计一个简易的计算器，计算两数之和。

【组件设计】

本案例的组件设计与案例 2-12 完全相同，如图 2-33 所示。

图 2-33　简易计算器 2 组件设计

【逻辑设计】

本案例的逻辑设计如下：

```
when Button_Calculate .Click
do  initialize local a to 0
    initialize local b to 0
    in  set a to TextBox_Num1 . Text
        set b to TextBox_Num2 . Text
        set TextBox_Result . Text to get a + get b
```

提示：单击代码块左上角蓝色的工具件⚙，通过拖曳可增加或减少变量的个数，如图 2-34 所示。其他代码块中工具件⚙的使用方法与此相同。

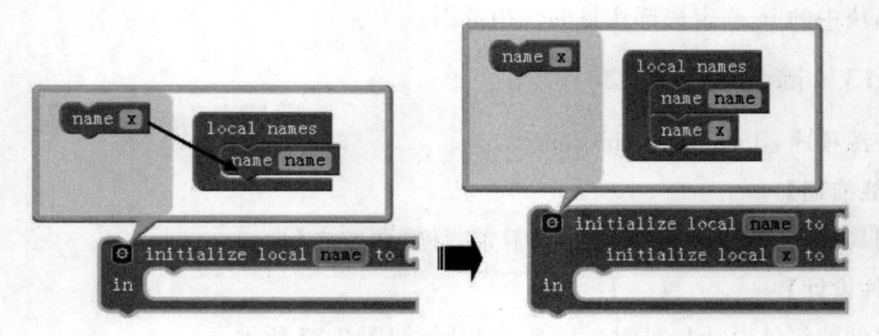

图 2-34　利用工具件增加变量个数

【运行结果】

运行结果如图 2-35 所示。

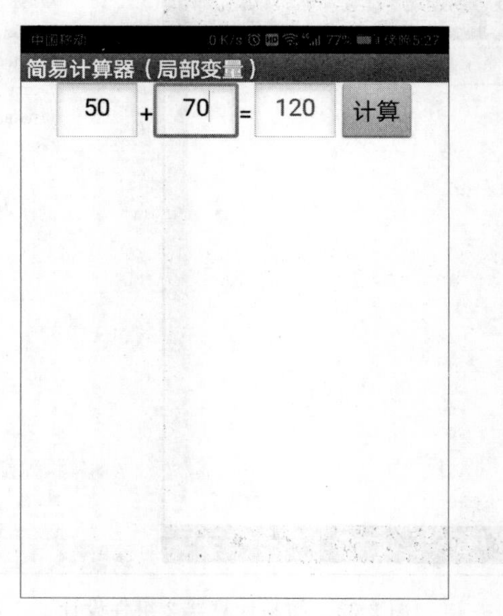

图 2-35　简易计算器 2 运行结果

2.8　过程

过程即实现某项功能的函数，可在其他过程中多次被调用，从而提高编写代码的效率。过程分无返回值过程和有返回值过程，下面通过案例进行介绍。

案例 2-14　使用带参数无返回值的过程计算 n!

参考源程序：procedure_Parametre_NoReturn. aia

【功能描述】

设计一个 App，使用带参数无返回值的过程计算 n!。

【组件设计】

组件设计如图 2-36 所示。

图 2-36 组件设计

【逻辑设计】

(1) 初始化全局变量 Result，初始值为 1。

initialize global Result to 1

(2) 定义一个带参数无返回值的过程 Factorial，使用 for each 语句实现从 1 到 n 的累乘求积。

提示：使用计数循环(for each number)实现累乘求积，可参考案例 2-4。

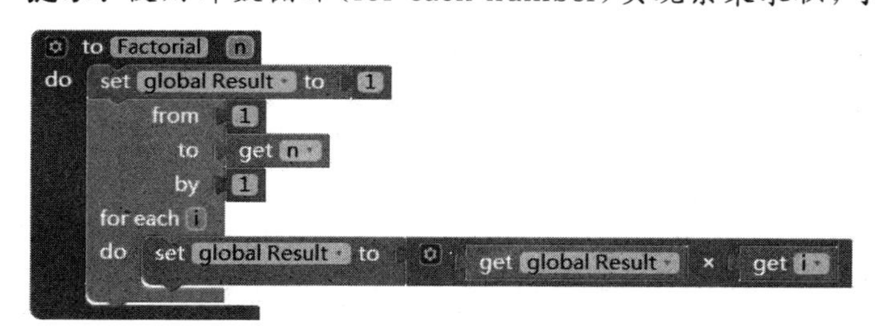

(3) 在按钮 Button_Calculate 的 Click 事件下：

① 调用(call)过程 Factorial 进行 n! 计算，并传递参数 n 的值。

② 将结果显示为标签 Label_Result 的 Text 属性值。

提示：通过 join 连接两个文本字符串。

```
when Button_Calculate .Click
do  if  is empty  TextBox_n . Text
    then  call TextBox_n .RequestFocus
    else  call Factorial
                     n  TextBox_n . Text
          set Label_n . Text to  join  TextBox_n . Text
                                       " != "
          set Label_Result . Text to  get global Result
```

【运行结果】

运行结果如图 2-37 所示。

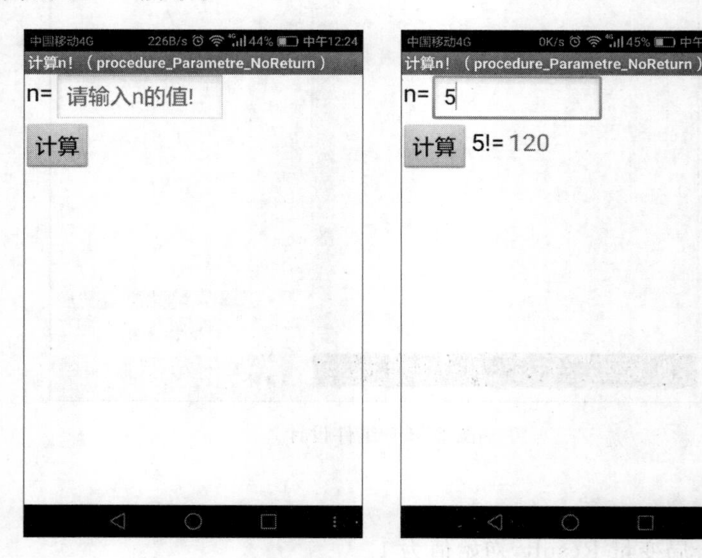

图 2-37　运行结果

带参数和不带参数的过程的代码块不同，如图 2-38 所示。

图 2-38　带参数和不带参数的过程的代码块比较

案例 2-15　使用带参数有返回值的过程计算 1＋2＋⋯＋*n*

参考源程序：procedure_Parametre_Return. aia

【功能描述】

设计一个 App，使用带参数有返回值的过程计算 1＋2＋⋯＋*n*。

【组件设计】

组件设计如图 2-39 所示。

(1) 设计输入文本框 TextBox_n,用于输入 n。

(2) 设计按钮 Button_Sum,用于触发代码运行。

(3) 设计标签 Label_Sum,用于显示结果。

图 2-39 组件设计

【逻辑设计】

(1) 初始化全局变量 Total,初始值为 0。

initialize global Total to 0

(2) 定义一个带参数有返回值的过程 Sum,使用 for each 语句实现从 1 到 n 的累加求和。

提示:

使用计数循环(for each number)实现累加求和,可参考案例 2-3。

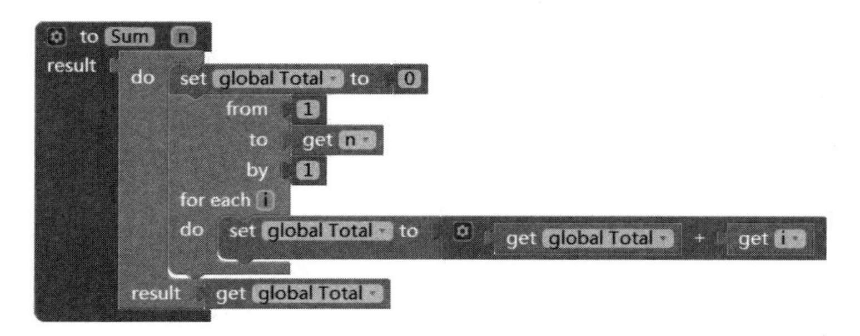

提示：其中，do result 代码块属于控制模块。

(3) 在按钮 Button_Sum 的 Click 事件下：

① 调用过程 Sum 进行 $1+2+\cdots+n$ 求和计算，并传递参数 n 的值。

② 将结果显示为标签 Label_Sum 的 Text 属性值。

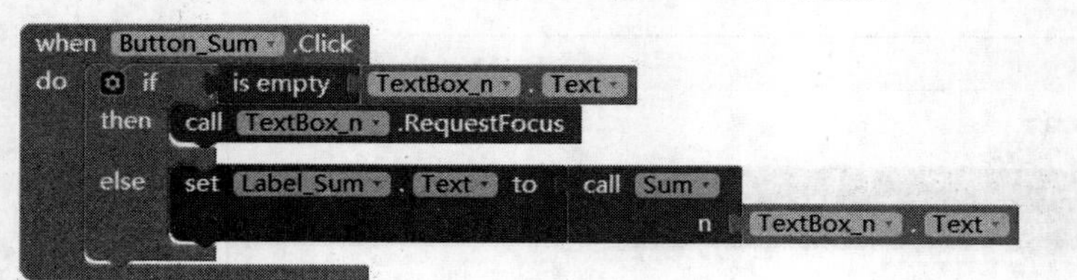

【运行结果】

运行结果如图 2-40 所示。

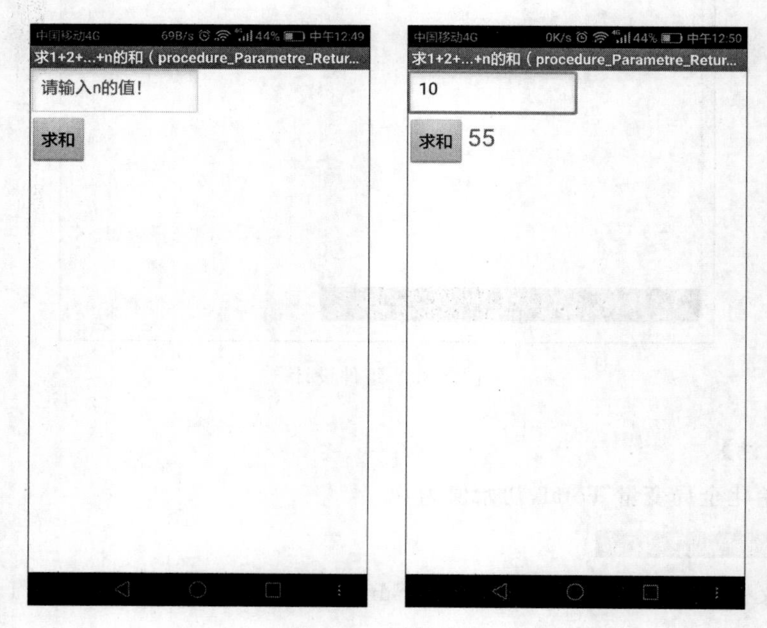

图 2-40　运行结果

2.9　任意组件

组件设计视图中使用的所有组件在逻辑设计视图的模块下将显示相应类型的任意组件(Any component)，如图 2-41 所示。可通过编程对同类组件实现批量操作。

图 2-41　任意组件模块

思考与练习

（1）案例 2-12 和案例 2-13 中全局变量和局部变量的初始化位置有何不同？

（2）案例 2-1 中的两种成绩等级判定方法可实现同样的功能，而其逻辑设计方法和运行效率有何不同？

（3）比较案例 2-3 和案例 2-4，找出累加求和与累乘求积的区别。

（4）计数循环（for each number）和逐项循环（for each item）有何区别？

（5）案例 2-7 如何同时显示 4 个随机数？（参考源程序：for_each_item_EX.aia）

（6）案例 2-4 和案例 2-6 计算 $n!$ 的方法有何区别？两种方法分别适用于什么样的情况？

（7）使用带参数有返回值的递归过程计算 $n!$（参考源程序：Procedure_Recursion.aia）

（8）什么情况下使用任意组件编程？

第3章

屏幕和屏幕控制

【教学目标】

（1）掌握屏幕控制。
（2）熟练应用屏幕组件。

3.1 屏幕

1. 屏幕的属性面板

屏幕(Screen)的属性面板主要有以下重要属性：
（1）应用名称(AppName)。
（2）图标(Icon)：设置 App 安装后显示的个性化图标。
（3）屏幕方向(ScreenOrientation)。
（4）显示状态栏(ShowStatusBar)。
（5）屏幕尺寸(Sizing)。
（6）标题(Title)：屏幕上方显示的标题。
（7）显示标题栏(TitleVisible)。

2. 屏幕的主要事件、方法和属性

屏幕的主要事件、方法和属性如下：

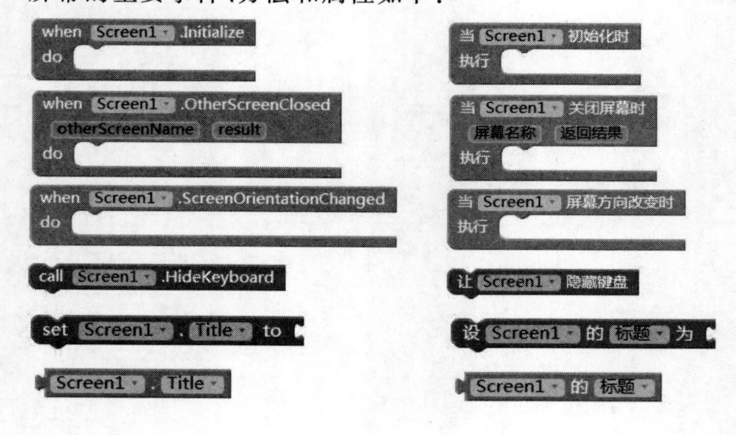

3.2 屏幕控制

屏幕控制(Control)包括以下5个功能。

(1) 打开另一个屏幕:

(2) 打开另一个屏幕并传递初始值:

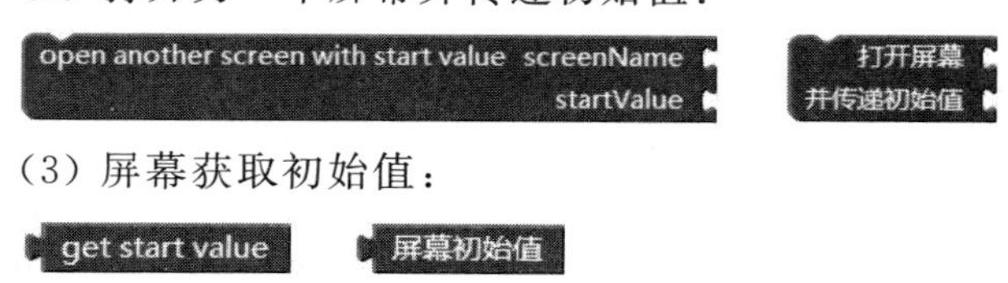

(3) 屏幕获取初始值:

get start value　屏幕初始值

(4) 关闭当前屏幕:

close screen　关闭当前屏幕

(5) 关闭屏幕并返回值:

close screen with value result　关闭屏幕并返回值

案例 切换屏幕并传值

参考源程序:Multi_Sreen_PassValue

【功能描述】

设计一个App,切换两个屏幕并传递值。

【组件设计】

(1) 屏幕Screen1组件设计如图3-1所示。按钮Button_NextScreen用来打开屏幕Screen2。

(2) 屏幕Screen2组件设计如图3-2所示。按钮Button_PreScreen用来返回屏幕Screen1,标签Label_PassValue用来显示屏幕Screen1传递的值。

【逻辑设计】

(1) 单击Screen1中的"下一页"按钮,打开Screen2,并传递初始值(startValue)。

```
when Button_NextScreen .Click
do  open another screen with start value  screenName " Screen2 "
                                           startValue " 欢迎您到此一游! "
```

(2) Screen2打开时,获取Screen1传递的初始值,赋给标签Label_PassValue并显示;单击"返回"按钮,打开Screen1。

```
when Screen2 .Initialize
do  set Label_PassValue . Text to  get start value
```

```
when Button_PreScreen .Click
do  open another screen  screenName " Screen1 "
```

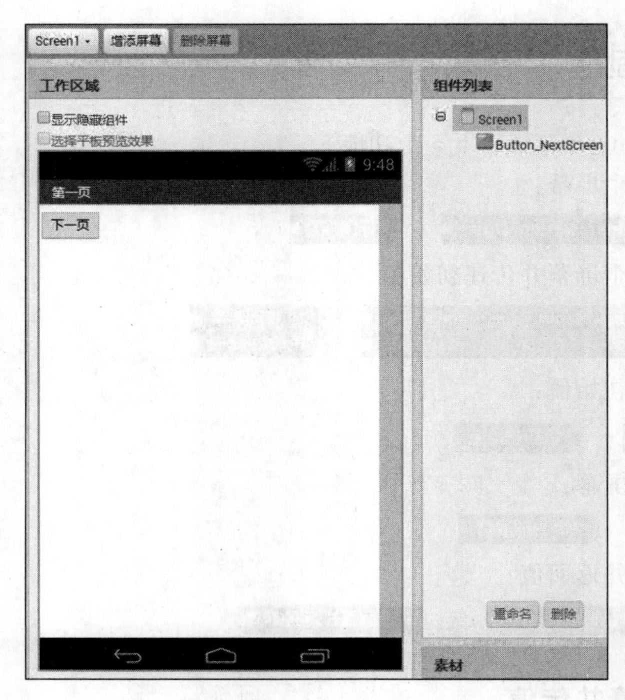

图 3-1 Screen1 组件设计

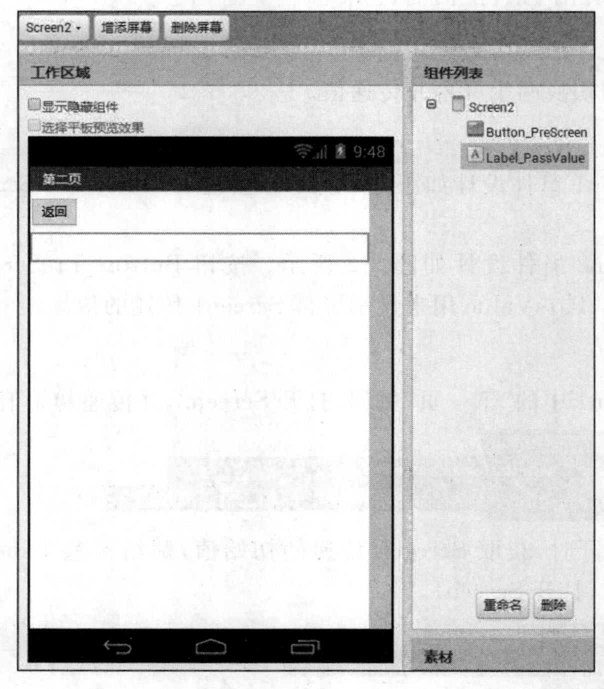

图 3-2 Screen2 组件设计

【运行结果】

运行结果如图 3-3 所示。

图 3-3　运行结果

思考与练习

(1) 屏幕组件和屏幕控制有何区别？

(2) 如何实现多个屏幕之间的切换？

(3) 如何通过代码块在屏幕上创建多个按钮？

第4章

界面布局

【教学目标】

(1) 了解水平滚动条布局组件和垂直滚动条布局组件。

(2) 掌握表格布局组件。

(3) 熟练应用水平布局组件和垂直布局组件。

界面布局(Layout)模块的功能是对界面中的所有组件进行合理布局。界面布局模块包括水平布局(HorizontalArrangement)、水平滚动条布局(HorizontalScrollArrangement)、表格布局(TableArrangement)、垂直布局(VerticalArrangement)和垂直滚动条布局(VerticalScrollArrangement)5个组件,如图4-1所示。

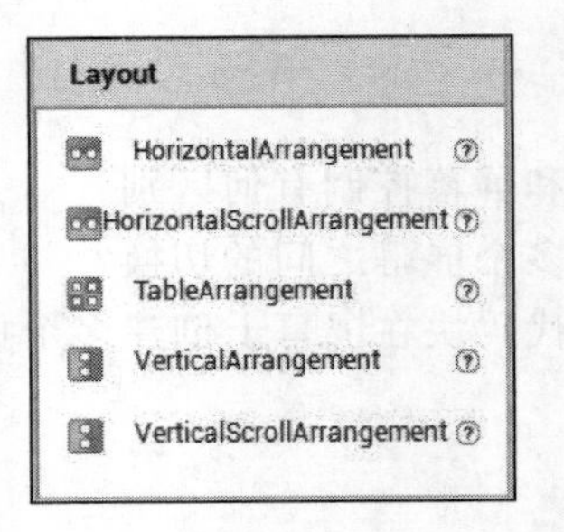

图4-1 界面布局模块的组件

4.1 水平布局

水平布局组件可以实现其内部组件的水平排列,如图4-2所示。

水平布局组件的高度(Height)和宽度(Width)属性设置包括自动(Automatic)、充满(Fill parent)、像素(pixels)和百分比(percent)4个选项,如图4-3所示。

这4个选项的含义如下:

- 自动:根据空间自动调整。
- 充满:充满整个空间。

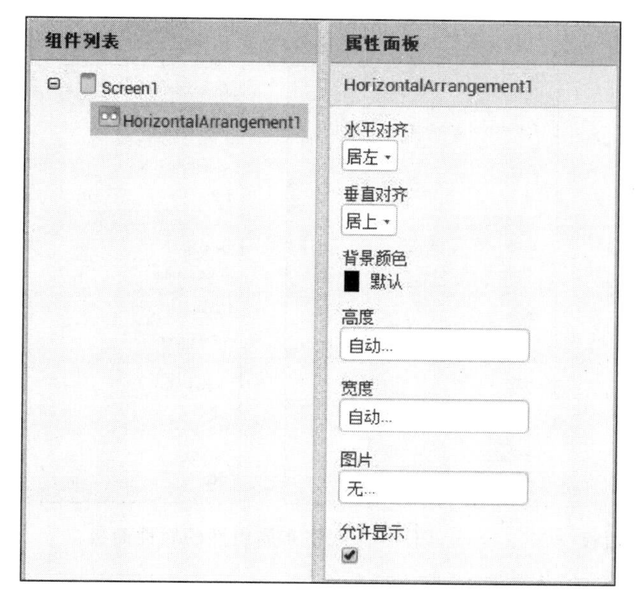

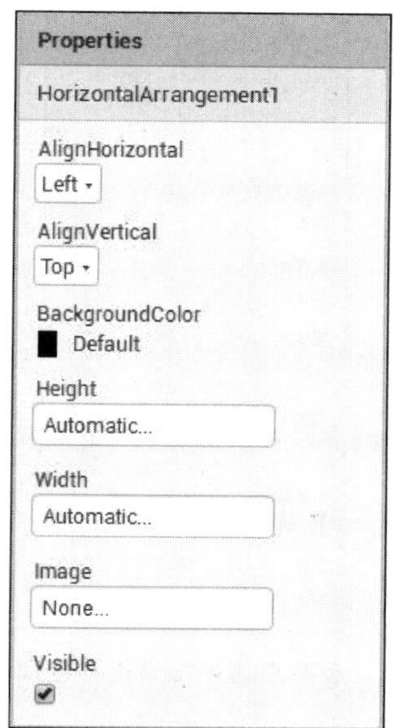

图 4-2 水平布局组件的属性面板

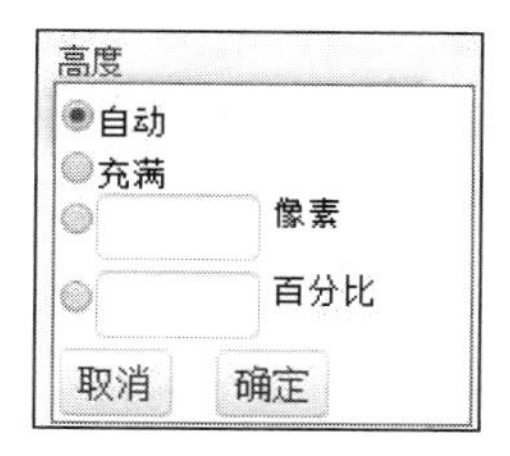

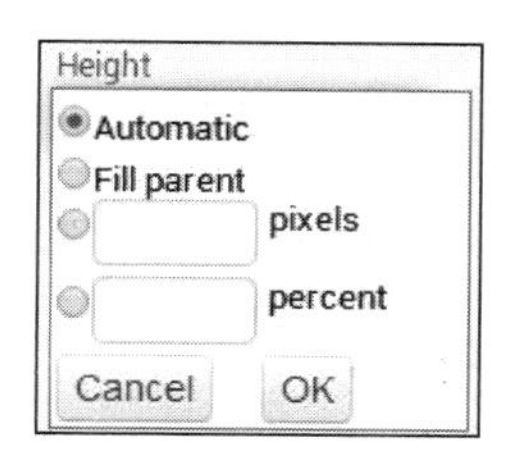

图 4-3 高度属性设置

- 像素：按像素确定大小。
- 百分比：按百分比确定大小。

4.2 水平滚动条布局

水平滚动条布局组件是水平布局组件的扩展，它带有水平滚动条，可根据需要自动调整宽度，其属性面板如图 4-4 所示。

4.3 表格布局

表格布局组件可以实现内部组件按照表格方式排列，它同时具有水平布局组件和垂直布局组件的特点，可设置行数(Rows)和列数(Columns)属性值，如图 4-5 所示。

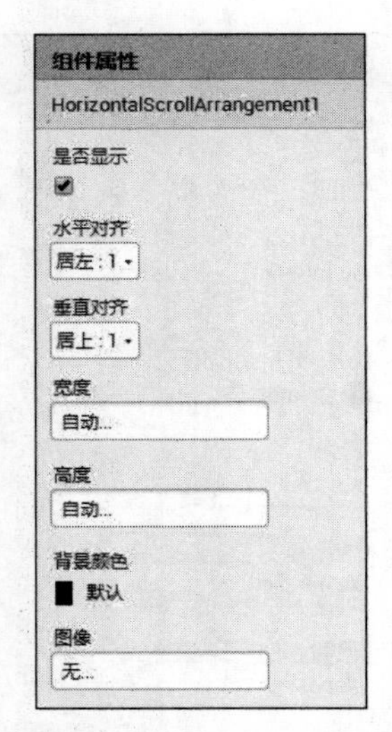

图 4-4 水平滚动条布局组件的属性面板

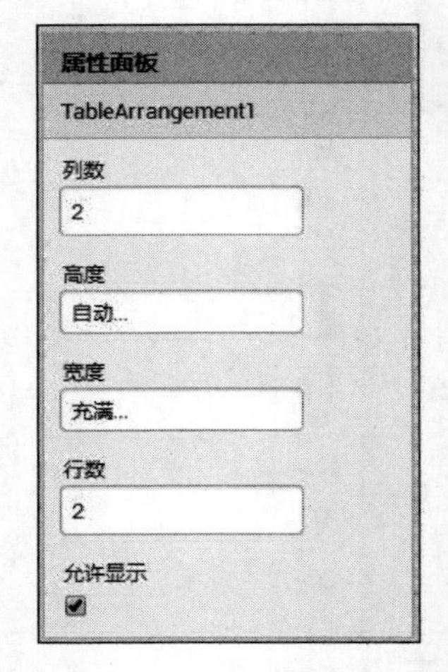

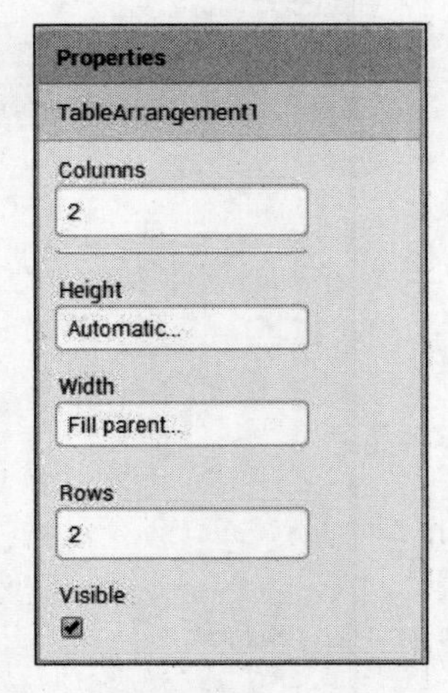

图 4-5 表格布局组件的属性面板

4.4 垂直布局

垂直布局组件可以实现其内部组件的垂直排列，其属性设置和水平布局组件的属性设置类似。

4.5 垂直滚动条布局

垂直滚动条布局组件是垂直布局组件的扩展，它带有垂直滚动条，可根据需要自动调整高度，其属性面板如图 4-6 所示。

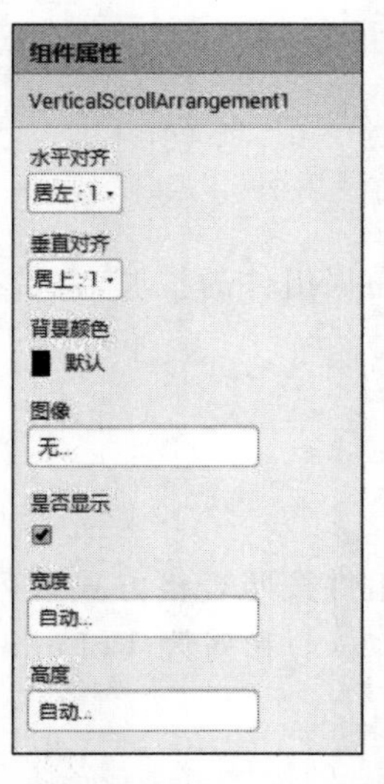

图 4-6 垂直滚动条布局组件的属性面板

案例　水平布局、垂直布局和表格布局的综合使用

参考源程序：Layout. aia

【功能描述】

综合使用水平布局、垂直布局和表格布局组件设计一个学生信息表的 App 界面。

【组件设计】

使用水平布局、垂直布局和表格布局组件完成组件设计，如图 4-7 所示。

(1) 使用水平布局组件 HorizontalArrangement1 完成两个按钮组件的水平排列。

(2) 使用表格布局组件 TableArrangement1 完成 2 行 2 列标签和文本输入框组件的排列。

(3) 使用垂直布局组件 VerticalArrangement1 完成 3 个标签组件的垂直排列。

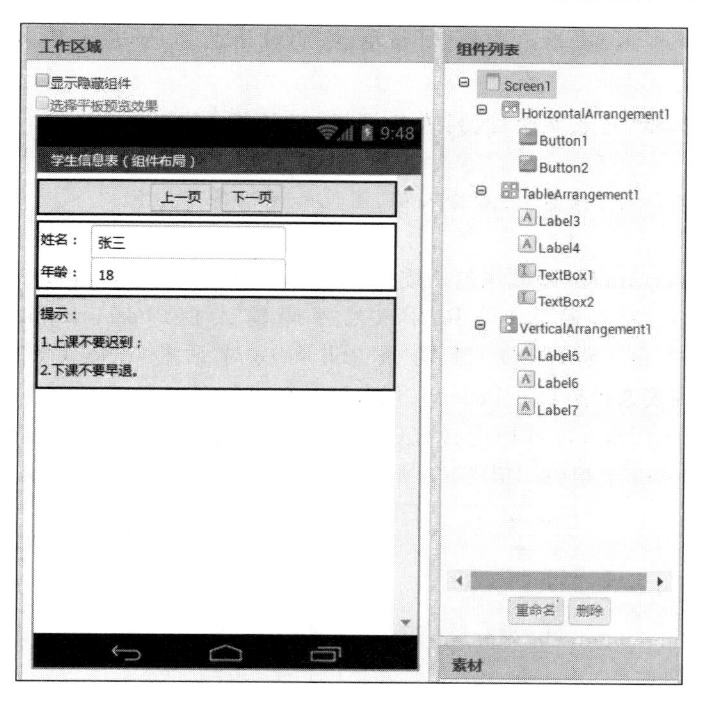

图 4-7　水平布局、垂直布局和表格布局综合使用

思考与练习

(1) 水平布局组件和垂直布局组件有何区别?

(2) 表格布局组件有何优势?

(3) 水平布局组件和水平滚动条布局组件有何区别?

第5章

用 户 界 面

【教学目标】

(1) 了解密码输入框、动画图像、对话框、布局对话框、文件选择框、颜色选择框组件。

(2) 掌握复选框、列表显示框、列表选择框、下拉框、日期选择框、时间选择框和网页浏览器等组件。

(3) 熟练应用按钮、标签、文本输入框、图像和滑动条等组件。

用户界面(User Interface)模块包括按钮(Button)、标签(Label)、图像(Image)、动画图像(AnimationImage)、文本输入框(TextBox)、密码输入框(PasswordTextBox)、复选框(CheckBox)、下拉框(Spinner)、滑动条(Slider)、对话框(Notifier)、布局对话框(LayoutDailog)、列表选择框(ListPicker)、列表显示框(ListView)、文件选择框(File Picker)、颜色选择框(Color Picker)、日期选择框(DatePicker)、时间选择框(TimePicker)、网页浏览框(WebViewer)18个组件,如图5-1所示。

用户界面	User Interface
按钮	Button
标签	Label
图像	Image
动画图像	AnimationImage
文本输入框	TextBox
密码输入框	PasswordTextBox
复选框	CheckBox
下拉框	Spinner
滑动条	Slider
对话框	Notifier
布局对话框	LayoutDialog
列表选择框	ListPicker
列表显示框	ListView
文件选择框	File Picker
颜色选择框	Color Picker
日期选择框	DatePicker
时间选择框	TimePicker
网页浏览框	WebViewer

图 5-1 用户界面模块的组件

5.1 按钮

通过按钮组件的 Click 事件来触发代码的执行，是面向对象程序设计中最为普遍的方法。

按钮组件的属性面板如图 5-2 所示，其最重要的属性是“显示文本”(Text)。

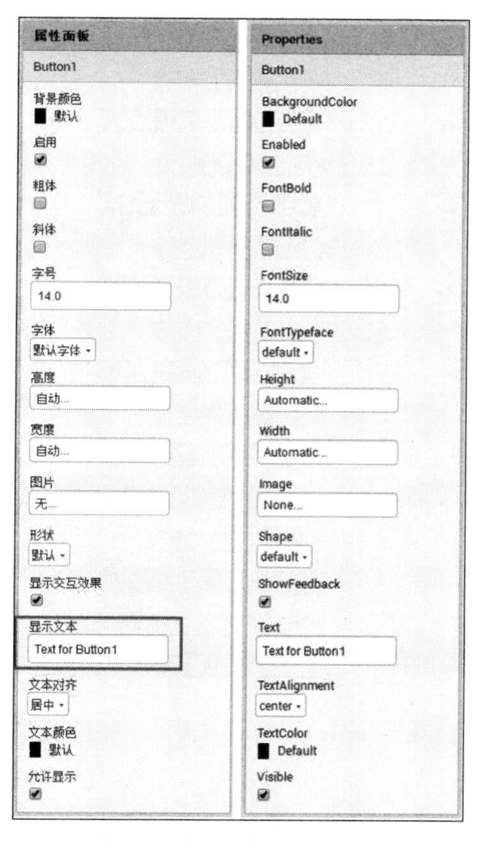

图 5-2 按钮组件的属性面板

按钮组件的事件如下：

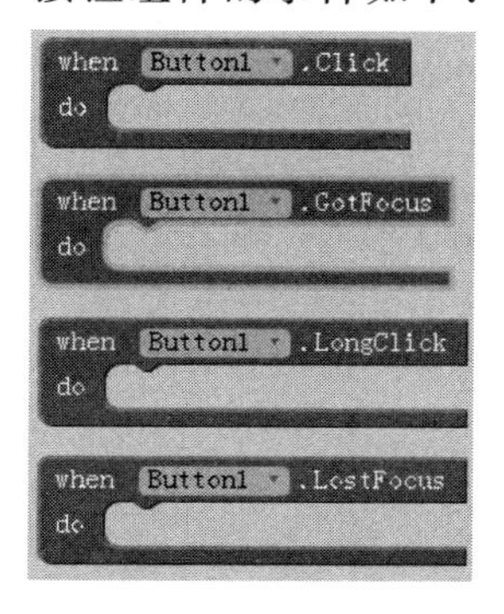

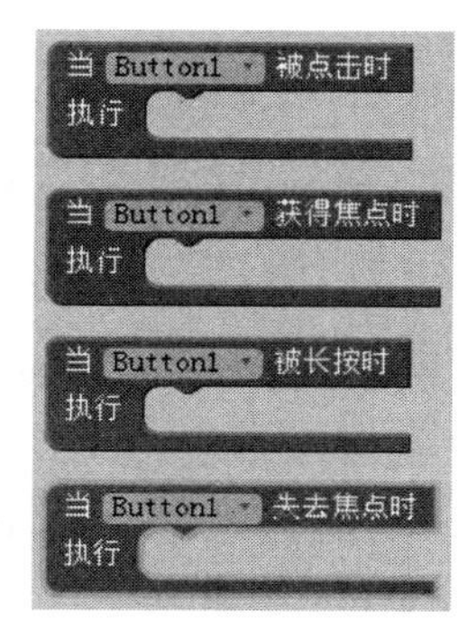

when Button1 .TouchDown
do

when Button1 .TouchUp
do

当 Button1 被按压时
执行

当 Button1 被释放时
执行

按钮组件的主要方法和属性如下：

Button1 . BackgroundColor
set Button1 . BackgroundColor to
Button1 . Enabled
set Button1 . Enabled to
Button1 . FontBold
set Button1 . FontBold to
Button1 . FontItalic
set Button1 . FontItalic to
Button1 . FontSize
set Button1 . FontSize to
Button1 . Height
set Button1 . Height to
set Button1 . HeightPercent to
Button1 . Image
set Button1 . Image to
Button1 . ShowFeedback
set Button1 . ShowFeedback to

Button1 的 背景颜色
设 Button1 的 背景颜色 为
Button1 的 启用
设 Button1 的 启用 为
Button1 的 粗体
设 Button1 的 粗体 为
Button1 的 斜体
设 Button1 的 斜体 为
Button1 的 字号
设 Button1 的 字号 为
Button1 的 高度
设 Button1 的 高度 为
设 Button1 的 高度百分比 为
Button1 的 图片
设 Button1 的 图片 为
Button1 的 显示交互效果
设 Button1 的 显示交互效果 为

5.2 标签

标签组件主要用来显示不可编辑的文本信息。

标签组件的属性面板如图 5-3 所示，其最重要的属性是“显示文本”(Text)。

标签组件的主要属性如下：

Label1 . BackgroundColor
set Label1 . BackgroundColor to
Label1 . FontSize
set Label1 . FontSize to
Label1 . HasMargins
set Label1 . HasMargins to
Label1 . Height

标签1 的 背景颜色
设 标签1 的 背景颜色 为
标签1 的 字号
设 标签1 的 字号 为
标签1 的 设置边距
设 标签1 的 设置边距 为
标签1 的 高度

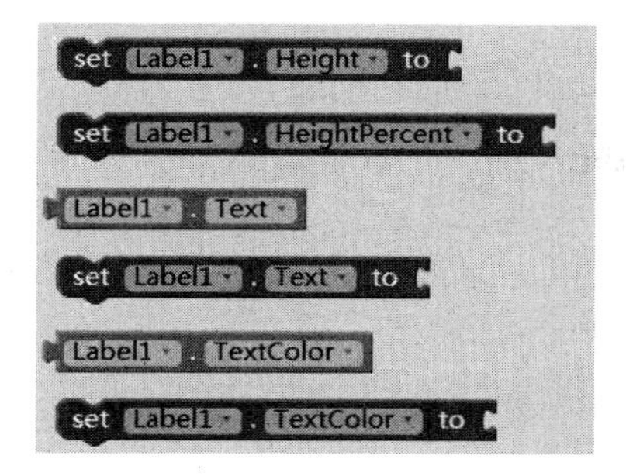

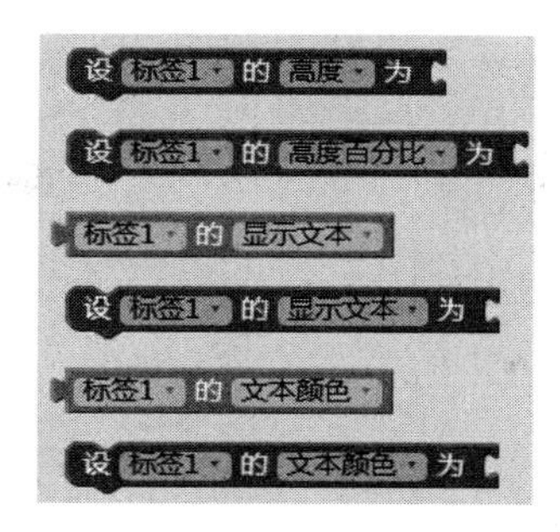

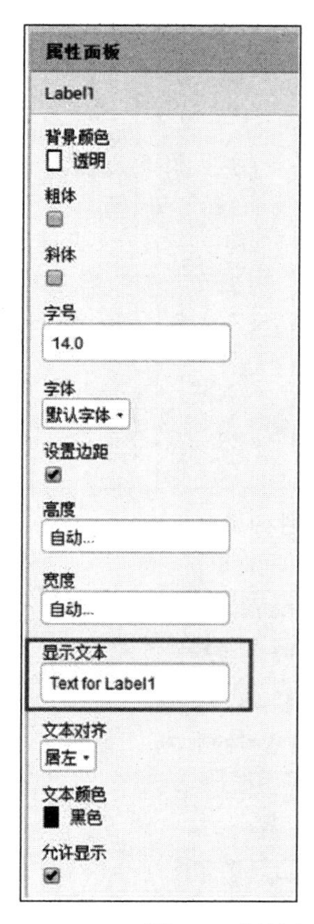

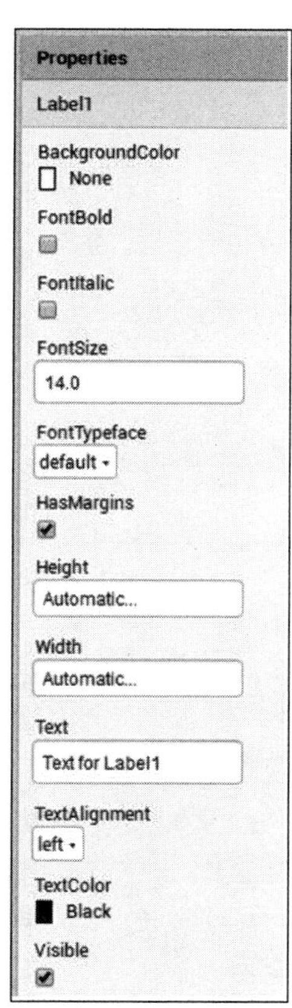

图 5-3　标签组件的属性面板

5.3　图像和动画图像

图像组件用于显示图像，可以在组件设计视图或逻辑设计视图中设置需要显示的图像的外观属性。

图像组件的属性面板如图 5-4 所示。

图像组件的主要事件、方法和属性如下：

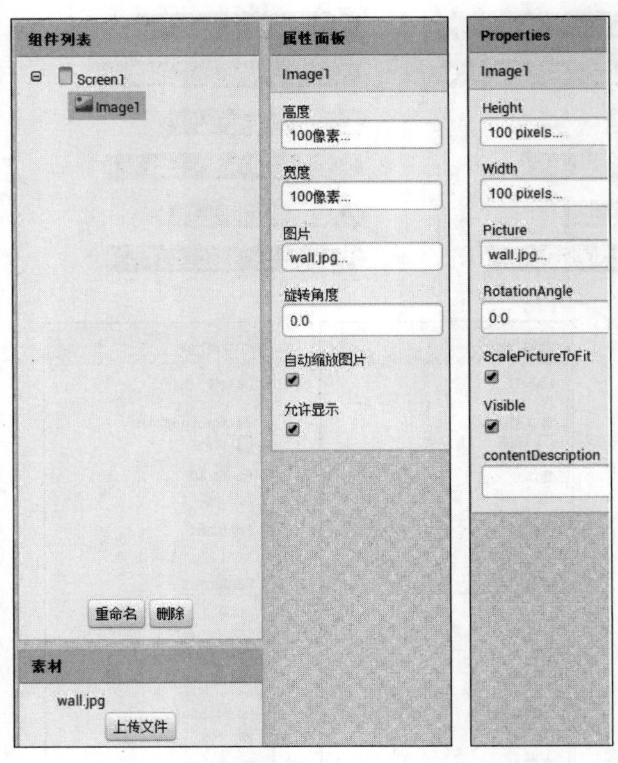

图 5-4　图像组件的属性面板

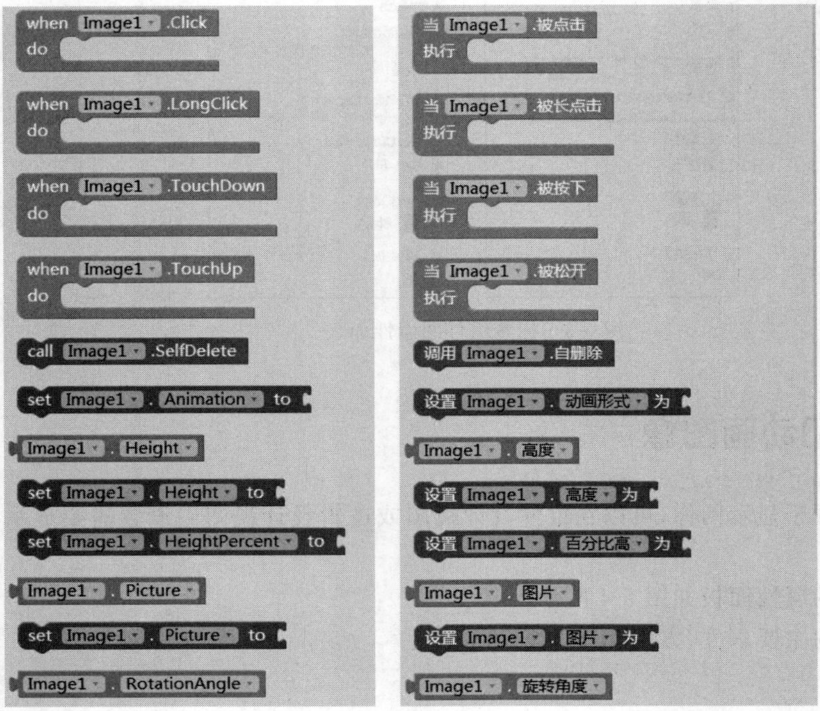

when Image1 .Click
do

when Image1 .LongClick
do

when Image1 .TouchDown
do

when Image1 .TouchUp
do

call Image1 .SelfDelete

set Image1 . Animation to

Image1 . Height

set Image1 . Height to

set Image1 . HeightPercent to

Image1 . Picture

set Image1 . Picture to

Image1 . RotationAngle

当 Image1 .被点击
执行

当 Image1 .被长点击
执行

当 Image1 .被按下
执行

当 Image1 .被松开
执行

调用 Image1 .自删除

设置 Image1 . 动画形式 为

Image1 . 高度

设置 Image1 . 高度 为

设置 Image1 . 百分比高 为

Image1 . 图片

设置 Image1 . 图片 为

Image1 . 旋转角度

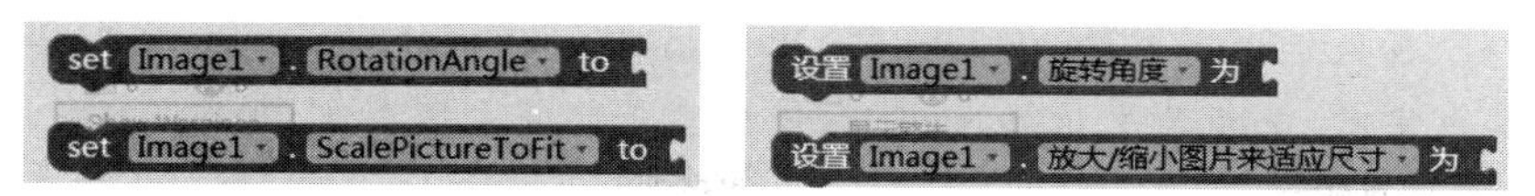

动画图像组件可显示 GIF 动画和静态图片，支持对 GIF 动画的播放控制，它是图像组件的增强。

5.4 文本输入框

文本输入框组件主要供用户输入文本信息，也可用来显示可编辑文本信息。

文本输入框组件的属性面板如图 5-5 所示。其重要属性包括"显示文本"(Text)、"允许多行"(MultiLine)、"提示"(Hint)和"字号"(FontSize)等。

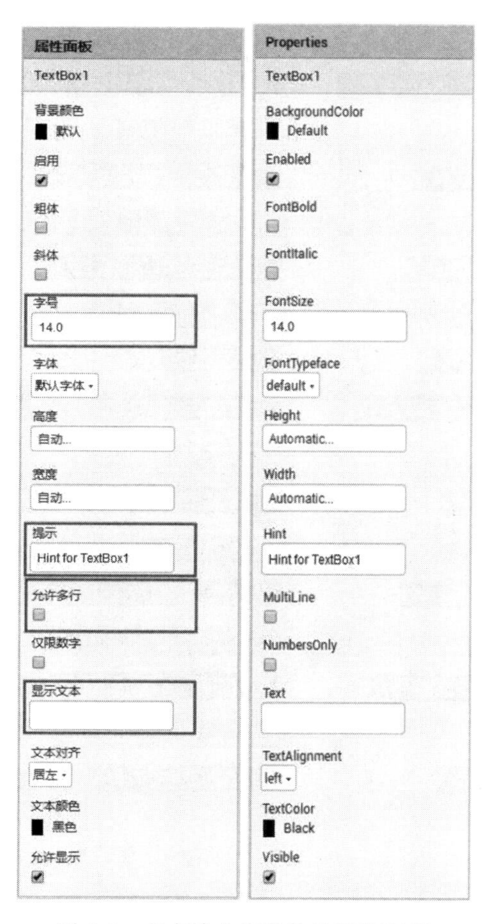

图 5-5 文本输入框组件的属性面板

提示：

- 如果"显示文本"属性的初始值为空，可以设置"提示"属性，以提示用户需要输入的内容，提示内容将以较浅的颜色显示在文本输入框中。

- “允许多行”属性决定文本输入框中的文本是否可以多行显示。当一行无法容纳全部文本内容时，必须勾选该属性，否则只能显示部分文本内容。

文本输入框组件的事件如下：

when TextBox1 .GotFocus
do

when TextBox1 .LostFocus
do

当 TextBox1 获得焦点时
执行

当 TextBox1 失去焦点时
执行

文本输入框组件的方法如下：

call TextBox1 .HideKeyboard

call TextBox1 .RequestFocus

让 TextBox1 隐藏键盘

让 TextBox1 请求焦点

文本输入框组件的主要属性如下：

set TextBox1 . BackgroundColor to
TextBox1 . Enabled
set TextBox1 . Enabled to
TextBox1 . FontSize
set TextBox1 . FontSize to
TextBox1 . Height
set TextBox1 . Height to
set TextBox1 . HeightPercent to
TextBox1 . Hint
set TextBox1 . Hint to
TextBox1 . MultiLine
set TextBox1 . MultiLine to
TextBox1 . NumbersOnly
set TextBox1 . NumbersOnly to
TextBox1 . Text
set TextBox1 . Text to

设 TextBox1 的 背景颜色 为
TextBox1 的 启用
设 TextBox1 的 启用 为
TextBox1 的 字号
设 TextBox1 的 字号 为
TextBox1 的 高度
设 TextBox1 的 高度 为
设 TextBox1 的 高度百分比 为
TextBox1 的 提示
设 TextBox1 的 提示 为
TextBox1 的 允许多行
设 TextBox1 的 允许多行 为
TextBox1 的 仅限数字
设 TextBox1 的 仅限数字 为
TextBox1 的 显示文本
设 TextBox1 的 显示文本 为

5.5　密码输入框

密码输入框组件供用户输入密码，该组件会隐藏用户输入的文本内容（以圆点代替具体字符）。

密码输入框组件与文本输入框组件的属性面板、事件、方法和属性基本相同。

案例 5-1 账号和密码登录

参考源程序：TextBox_PasswordTextBox

【功能描述】

设计一个 App，在 Screen1 组件中设置账号和密码登录界面，当输入账号和密码正确时才能打开 Screen2。

【组件设计】

1. Screen1 组件设计

Screen1 组件设计如图 5-6 所示。

(1) 设计文本输入框 TextBox_Account，用于输入账号；设计一个密码输入框 TextBox_Password，用于输入密码。

(2) 设计按钮 Button_Login，用于在 Click 事件下检测登录信息。

(3) 设计标签 Label_Note，用于显示登录出错信息。

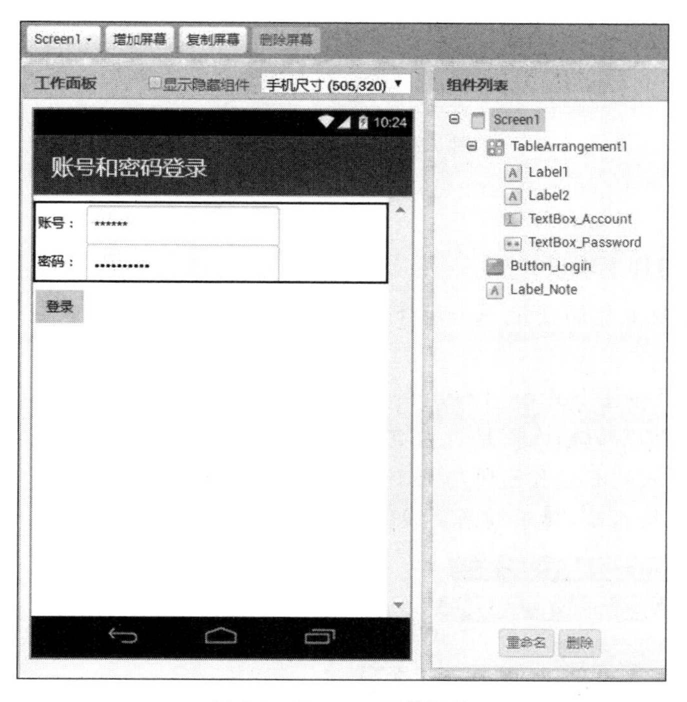

图 5-6 Screen1 组件设计

2. Screen2 组件设计

Screen2 组件设计如图 5-7 所示。

(1) 设计标签 Label_Success，用于显示登录成功信息。

(2) 设计按钮 Button_Exit，用于在 Click 事件下退出后台管理系统。

图 5-7　Screen2 组件设计

【逻辑设计】

1. Screen1 组件逻辑设计

(1) 初始化两个全局变量 Account 和 Password，分别存储登录账号和密码，并赋初始值。

(2) 在“登录”按钮 Button_Login 的 Click 事件下，通过 if 多分支结构执行以下代码：

- 检测账号和密码输入框是否为空。输入信息为空时，获取焦点。
- 将用户输入的账号和密码与两个变量的初始值进行比较。输入值全部正确时，登录 Screen2；否则，显示登录错误信息。

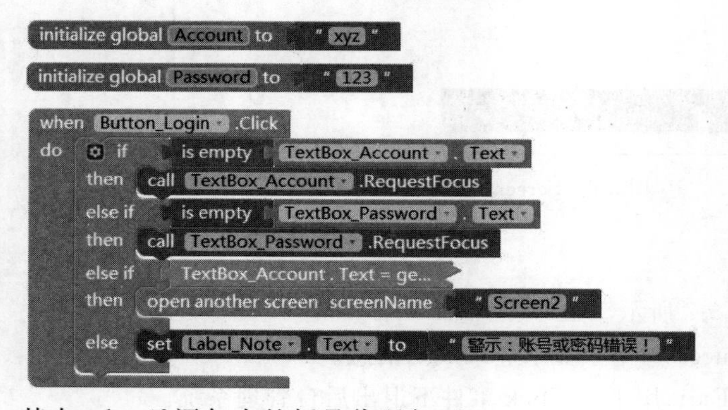

其中，else if 语句中的折叠代码如下：

2. Screen2 逻辑设计

在“返回”按钮 Button_Exit 的 Click 事件下，打开屏幕 Screen1。

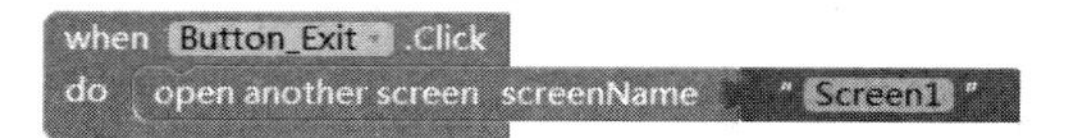

【运行结果】

(1) 当用户输入的账号和密码错误时，显示登录错误信息，如图 5-8 所示。

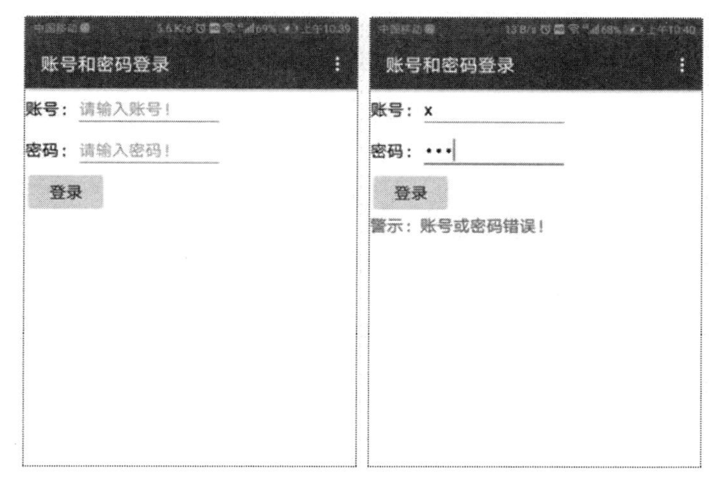

图 5-8　登录失败

(2) 当用户输入的账号和密码正确时，进入后台管理系统，显示登录成功信息，如图 5-9 所示。

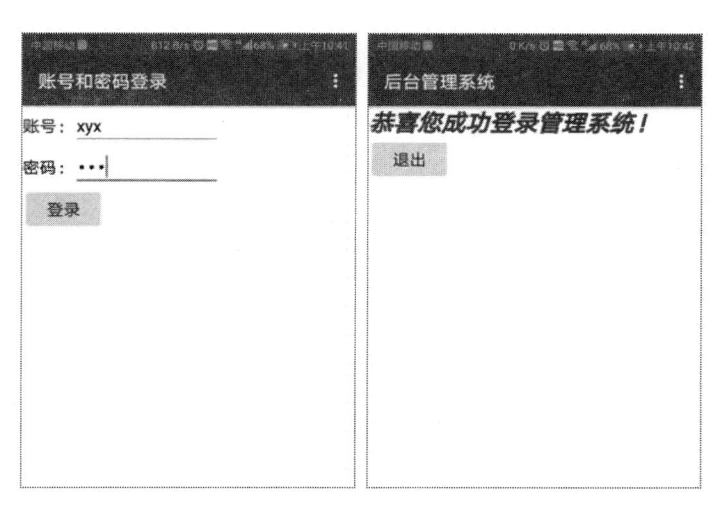

图 5-9　登录成功

5.6 复选框

复选框组件可为用户提供多种选择。

复选框组件的属性面板如图 5-10 所示。其主要属性包括“选中”(Checked)和“文本”(Text)。

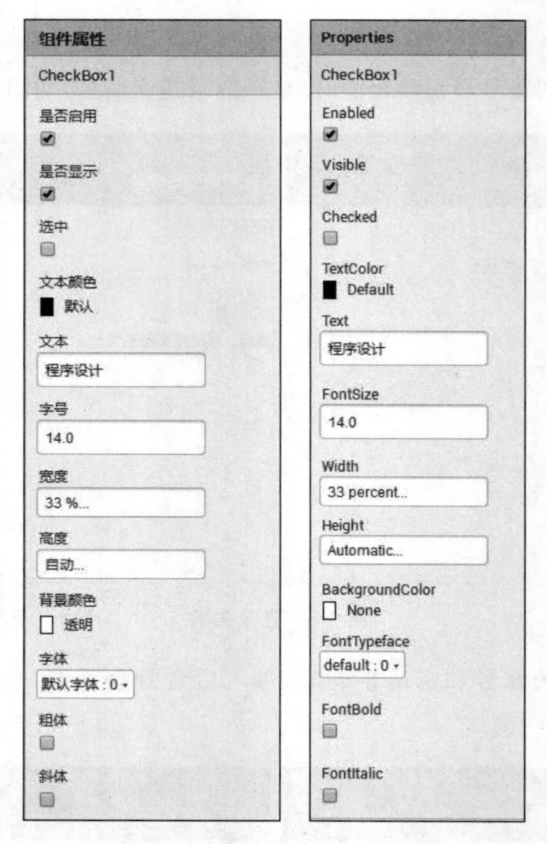

图 5-10 复选框组件的属性面板

复选框组件的主要事件、方法和属性如下：

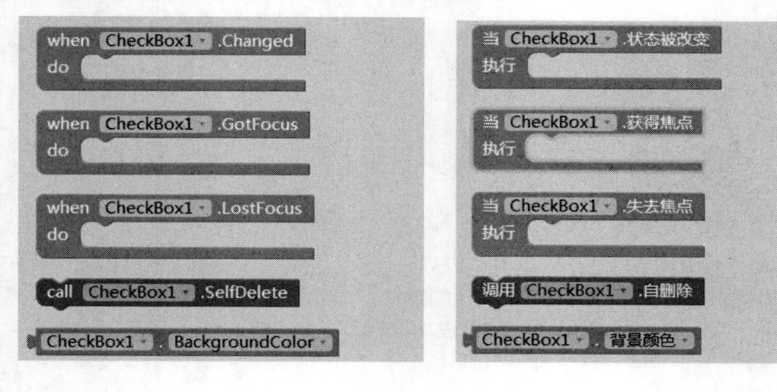

set CheckBox1 . BackgroundColor to
CheckBox1 . Checked
set CheckBox1 . Checked to
CheckBox1 . Enabled
set CheckBox1 . Enabled to

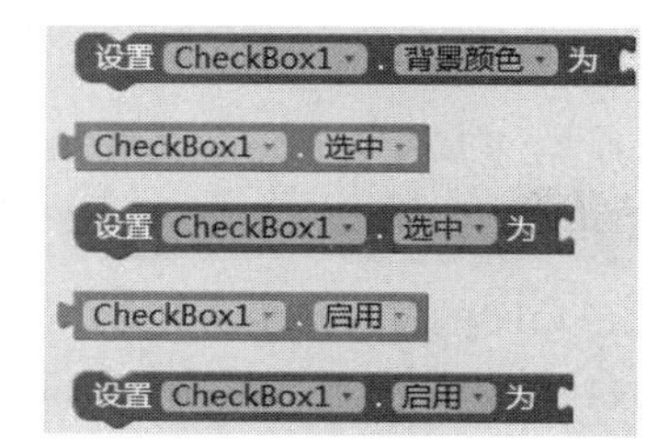

案例 5-2　选修课统计

参考源程序：Checkbox. aia

【功能描述】

设计一个 App，使用复选框统计所有选修课程。

【组件设计】

组件设计如图 5-11 所示。

（1）设计选择复选框 CheckBox1、CheckBox2 和 CheckBox3，分别设置“文本”属性为 3 门课程名称。

（2）设计按钮 Button_OK 和一个标签 Label_Checked，单击按钮时统计选修课程，并在标签上显示统计结果。

图 5-11　组件设计

【逻辑设计】

(1) 创建空列表,赋给全局变量 OptionalCourse。

```
initialize global OptionalCourse to  create empty list
```

(2) 在按钮 Button_OK 的 Click 事件下:

① 如果 CheckBox1、CheckBox2 和 CheckBox3 被选中,则调用 add 方法将其 Text 值作为列表项(item)添加到 OptionalCourse 列表中。

② 在标签 Label_Checked 中显示 OptionalCourse 中列表项的值。

```
when Button_OK .Click
do  if   CheckBox1 . Checked
    then add items to list  list  get global OptionalCourse
                            item  CheckBox1 . Text
    if   CheckBox2 . Checked
    then add items to list  list  get global OptionalCourse
                            item  CheckBox2 . Text
    if   CheckBox3 . Checked
    then add items to list  list  get global OptionalCourse
                            item  CheckBox3 . Text
    set Label_Checked . Text to  get global OptionalCourse
```

【运行结果】

运行结果如图 5-12 所示。

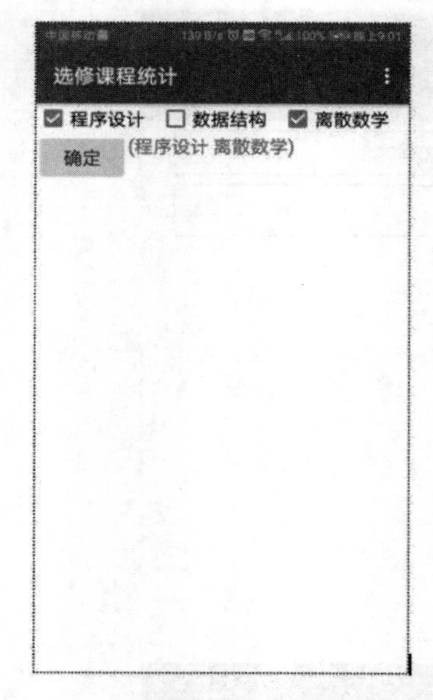

图 5-12 运行结果

5.7 下拉框

用户点击下拉框组件时将弹出一个下拉列表。

下拉框组件的属性面板如图 5-13 所示。

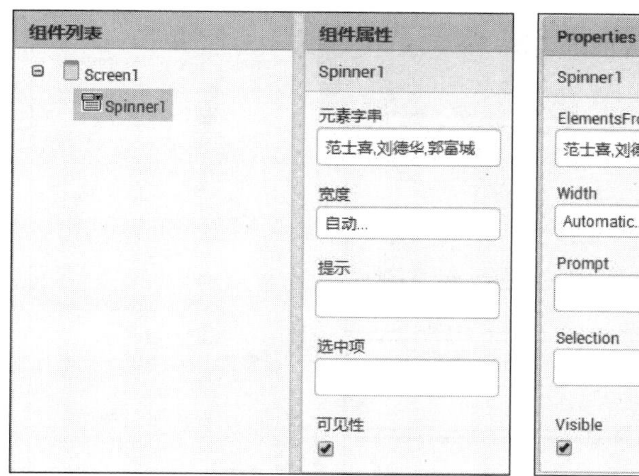

图 5-13 下拉框组件的属性面板

下拉框组件的主要事件、方法和属性如下：

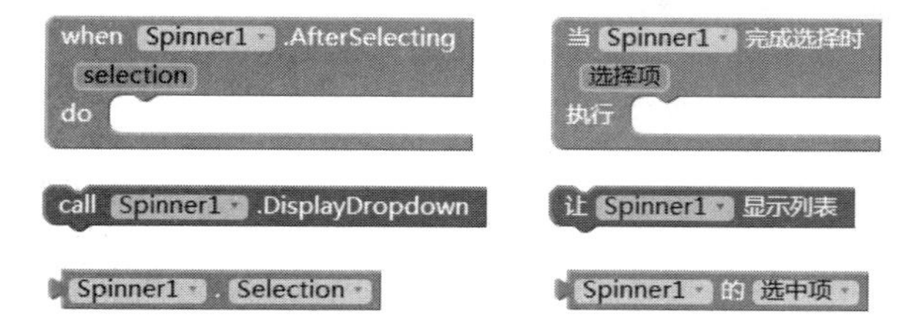

案例 5-3 国际航班订票信息

参考源程序：ListView_ListPicker_Spinner.aia

【功能描述】

设计一个 App，使用列表显示框获取航班起点信息，使用列表选择框获取航班终点信息，使用下拉框获取订票人信息，使用文本输入框完整显示订票信息。

【组件设计】

组件设计如图 5-14 所示。

(1) 设计列表显示框 ListView1，用于获取航班起点信息。

(2) 设计列表选择框 ListPicker1，用于获取航班终点信息，在属性面板设置“逗号分隔字串”(ElementsFromString)属性值“北京，上海，广州”。

(3) 设计下拉框 Spinner1，用于获取订票人信息，在属性面板设置“逗号分隔字串”

(ElementsFromString)属性值"范士喜,李德华,王富城"。

(4) 设计标签 Label_destination,用于显示列表选择框 ListPicker1 的选项。

(5) 设计按钮 Button_OK,用于确定并显示信息。

(6) 设计文本输入框 TextBox_Information,用于完整显示订票信息。

图 5-14　组件设计

【逻辑设计】

(1) 在屏幕 Screen1 的初始化(Initialize)事件下,创建列表(list),设置初始值,并赋给列表选择框 ListPicker1 的 Elements 属性以显示。

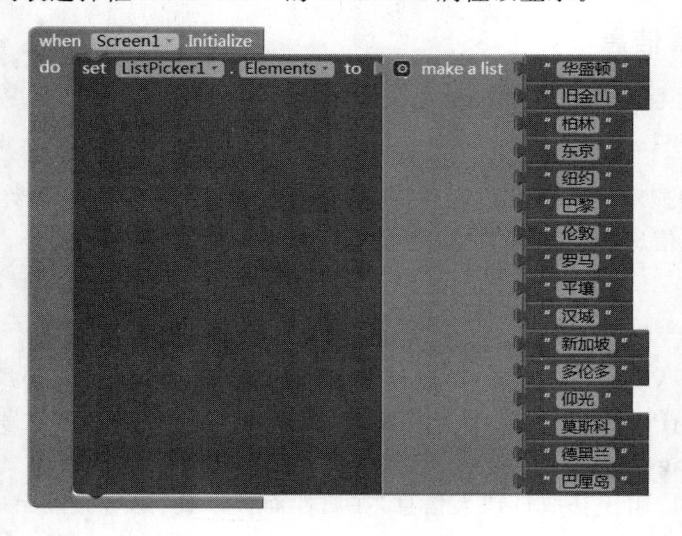

(2) 在列表选择框 ListPicker1 的 AfterPicking(完成选择)事件下,将选项(Selection)的值赋给 Label_destination 的 Text 属性并显示。

(3) 在按钮 Button_OK 的 Click 事件下,将 3 个选项(Selection)的值及其他文本信息连接(join)后,赋给 TextBox_Information 的 Text 属性并显示完整订票信息。

提示:\n 为换行符,使文本换行显示。

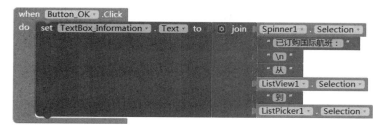

【运行结果】

(1) 打开 App,初始化屏幕,获取所有列表值,如图 5-15 所示。

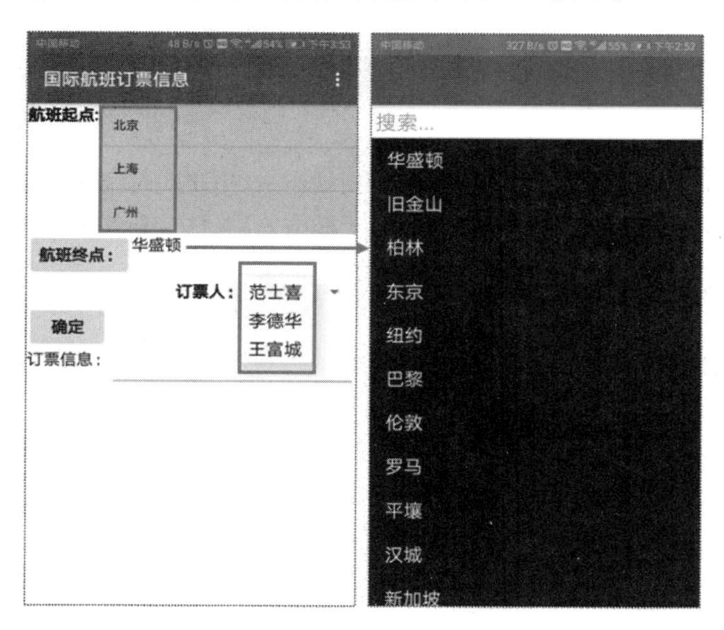

图 5-15　屏幕初始化获取列表值

(2) 单击列表显示框,选择航班起点"北京";单击列表选择框,选择航班终点"柏林";单击下拉框,选择订票人"李德华";单击"确定"按钮,显示完整订票信息,如图 5-16 所示。

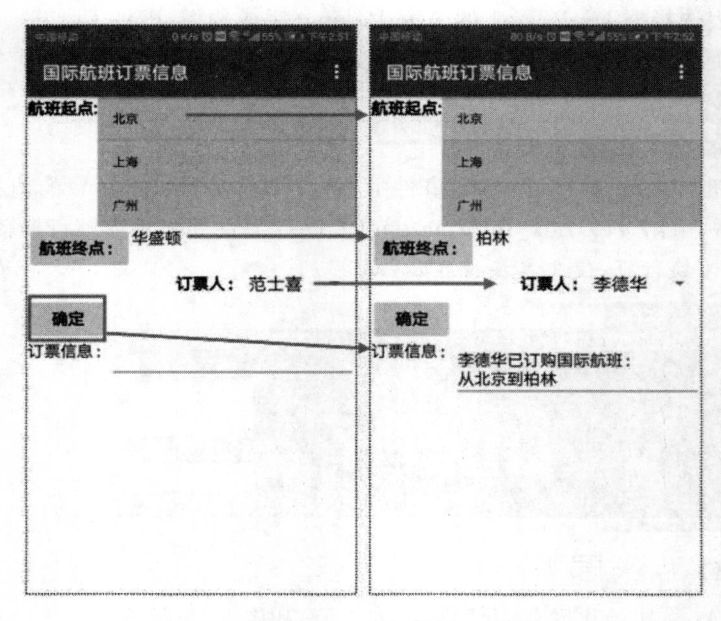

图 5-16 运行结果

5.8 滑动条

滑动条组件由一个滑轨和一个可拖动的滑块组成,用于实时调整各种变量值的大小。滑动条组件的属性面板如图 5-17 所示。"最小值"属性(MinValue)和"最大值"属性

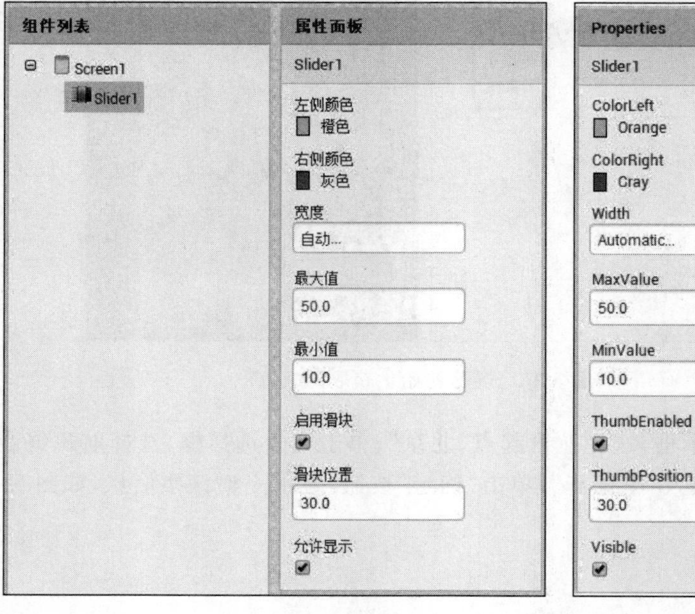

图 5-17 滑动条组件的属性面板

(MaxValue)分别用于设置最小值和最大值,“滑块位置”属性“ThumbPosition”用于设置滑块位置。

滑动条组件的主要事件和属性如下：

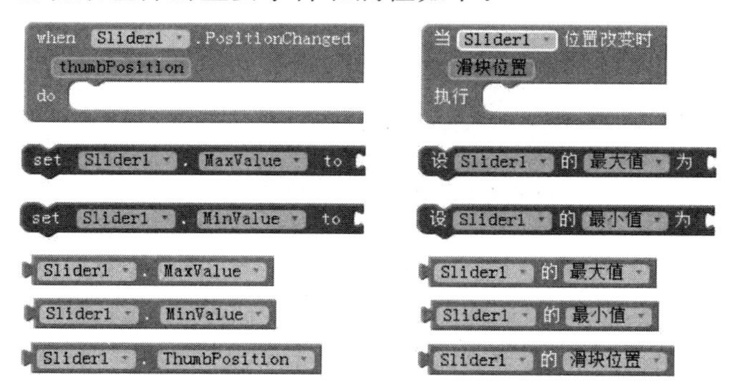

滑动条组件的应用参见案例 7-1 中画笔线宽的控制。

5.9　对话框和布局对话框

对话框组件用于显示警告、消息以及临时性的通知。

对话框组件的属性面板如图 5-18 所示。

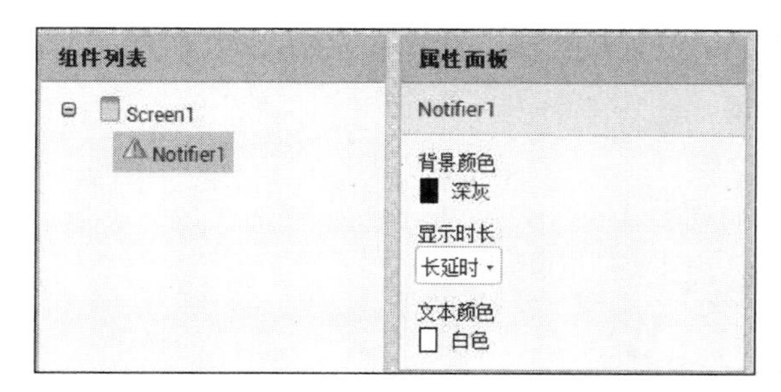

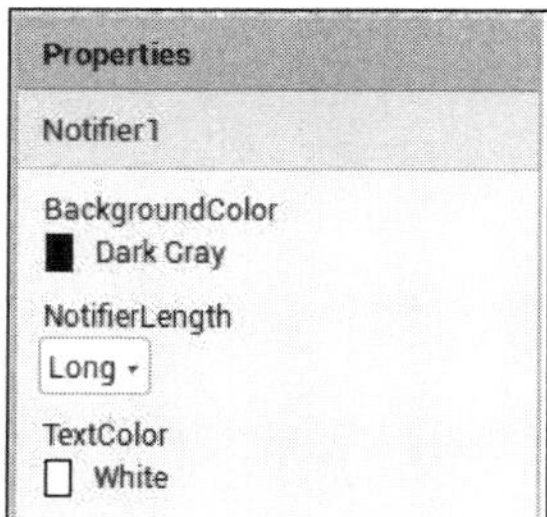

图 5-18　对话框组件的属性面板

对话框组件的主要事件和方法如下：

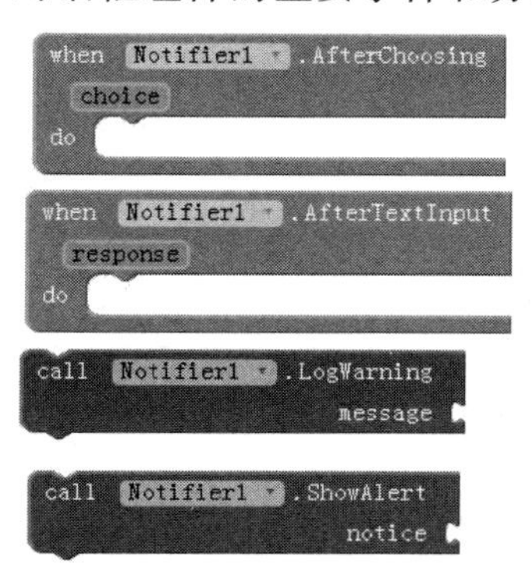

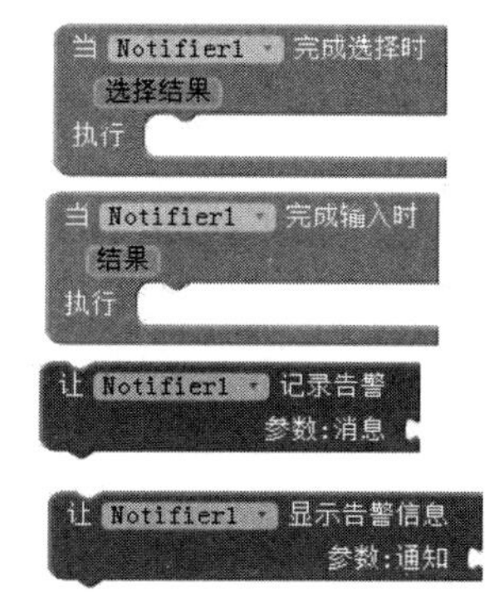

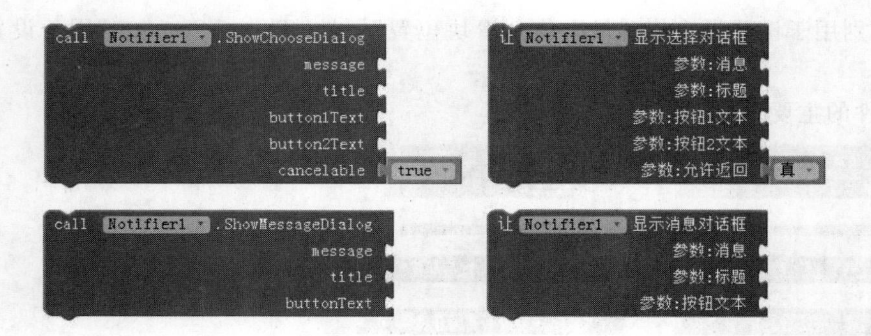

5.10 列表选择框

列表选择框组件在用户界面中显示为一个按钮，当用户点击该按钮时，将显示一个列表供用户选择。

列表选择框组件的属性面板如图 5-19 所示。

图 5-19 列表选择框组件的属性面板

提示："逗号分隔字串"(ElementsFromString)属性可在逻辑设计视图中通过Elements赋值；在逻辑设计视图中获取选中项(Selection)。

列表选择框组件的主要事件、方法和属性如下：

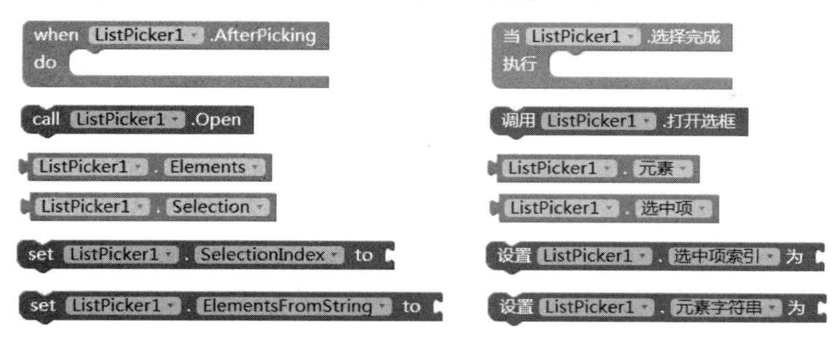

5.11 列表显示框

列表显示框组件用于显示列表元素。列表的内容可以用"元素字符串"属性设定，也可以在逻辑设计视图中使用元素块定义。

列表显示框组件的属性面板如图5-20所示。

图5-20 列表显示框组件的属性面板

提示："元素字符串"(ElementsFromString)属性中的逗号为英文字符","，不能使用中文字符"，"。

列表显示框组件的主要事件、方法和属性如下：

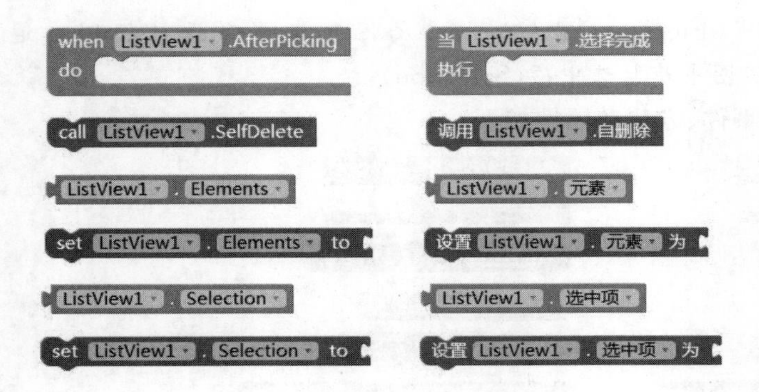

5.12　文件选择框

文件选择框组件用来打开文件目录，以便选择文件。

文件选择框组件的属性面板如图 5-21 所示。

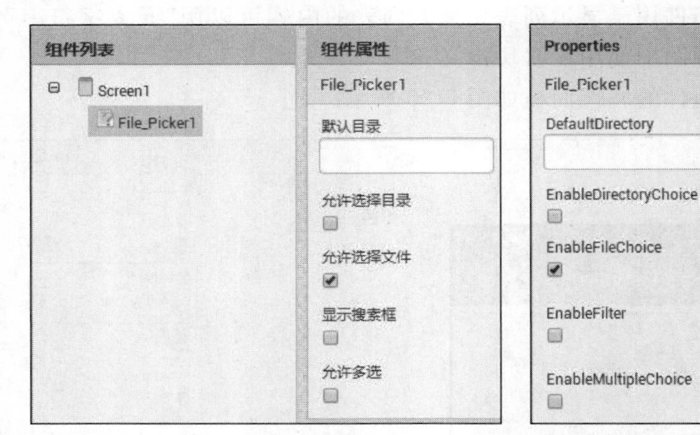

图 5-21　文件选择框组件的属性面板

文件选择框组件的主要事件、方法和属性如下：

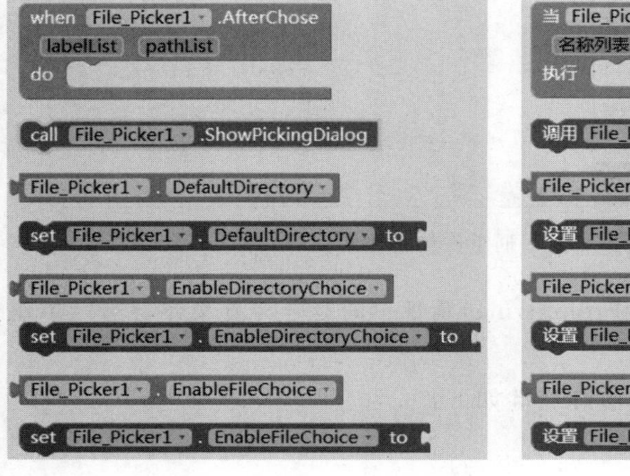

5.13　颜色选择框

颜色选择框组件用来从色板中选择颜色。

色板如图 5-22 所示。

图 5-22　色板

颜色选择框组件的主要事件和方法如下：

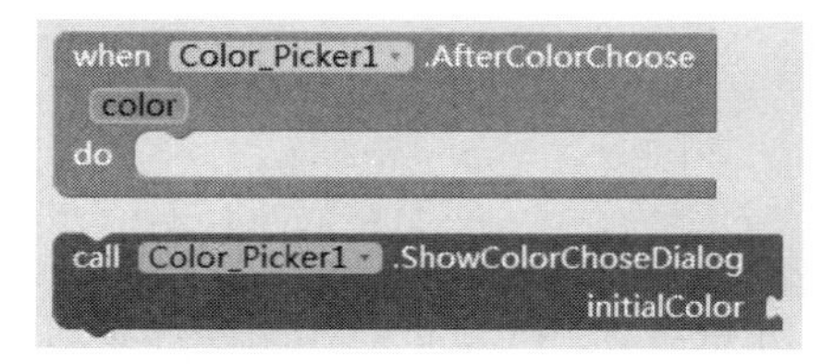

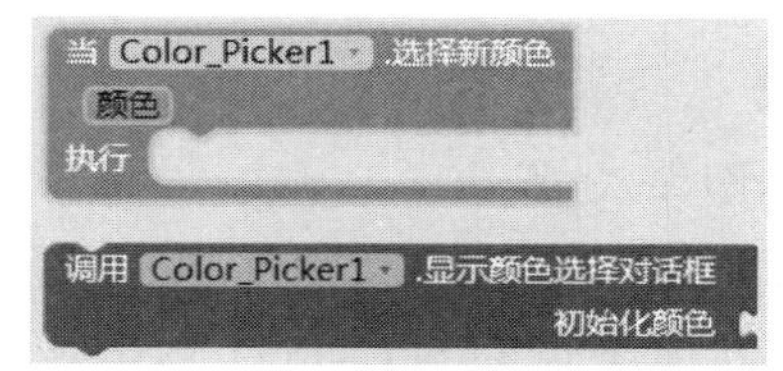

5.14　日期选择框

日期选择框组件显示为一个按钮，当用户点击时，弹出日期窗格，允许用户从中选择日期。

日期选择框组件的主要事件、方法和属性如下：

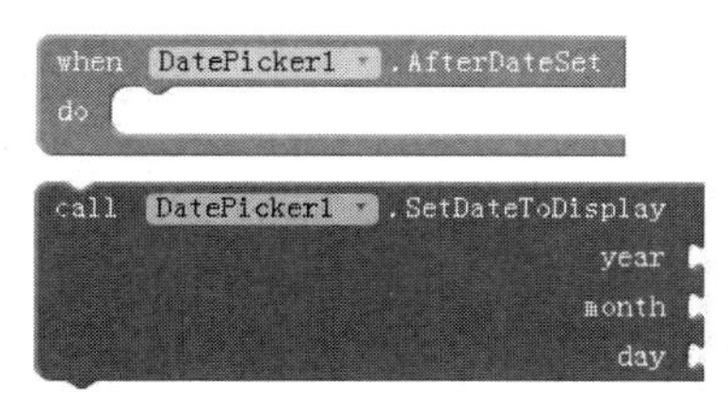

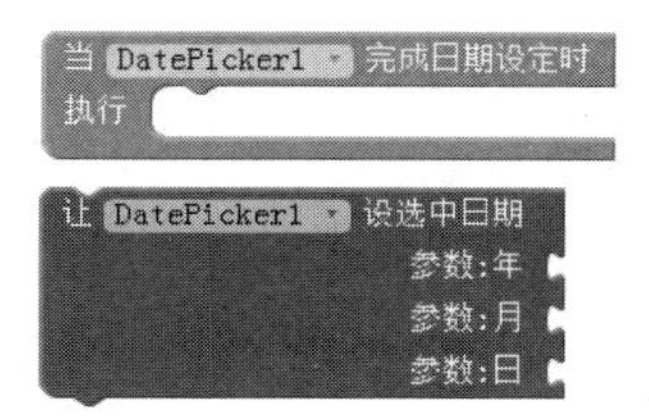

5.15　时间选择框

时间选择框组件显示为一个按钮，当用户点击时，弹出时间窗格，供用户选择时间。

时间选择框组件的主要事件、方法和属性如下：

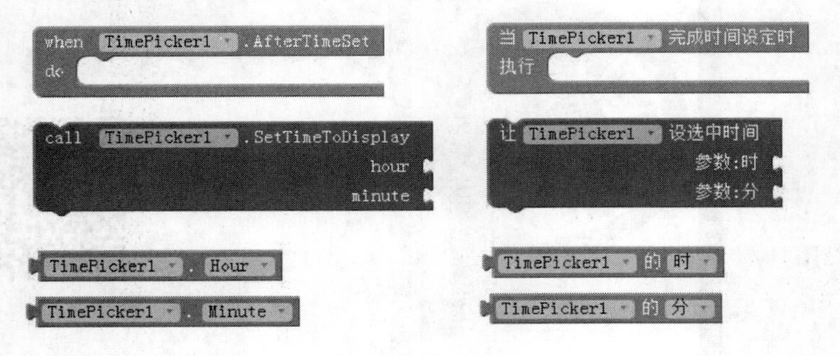

案例 5-4　日期和时间选择

参考源程序：DatePicker_TimePicker. aia

【功能描述】

设计一个 App，利用日期选择框选择日期，利用时间选择框选择时间。

【组件设计】

组件设计如图 5-23 所示。

(1) 设计日期选择框 DatePicker1 选择日期，并赋给标签 Label_Date 进行显示。

(2) 设计时间选择框 TimePicker1 选择时间，并赋给标签 Label_Time 进行显示。

【逻辑设计】

(1) 在日期选择框 DatePicker1 的 AfterDateSet（完成日期设置）事件下，将 DatePicker1 的 Year、Month、Day 属性以及文字"年""月""日"通过 join 连接成字符串，赋给标签 Label_Date 的 Text 属性进行显示。

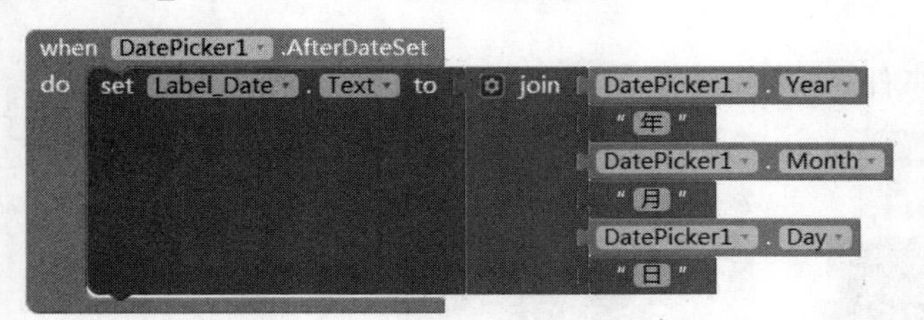

(2) 在时间选择框 TimePicker1 的 AfterTimeSet（完成时间设置）事件下，将 TimePicker1 的 Hour、Minute 属性以及字符"："通过 join 连接成字符串，赋给标签 Label_

图 5-23　组件设计

Time 的 Text 属性进行显示。

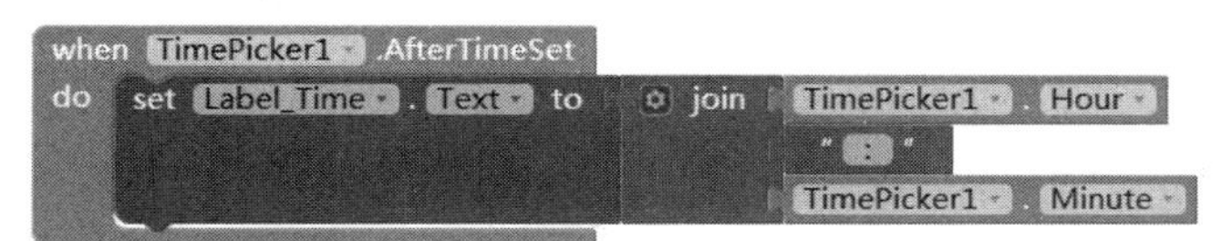

【运行结果】

(1) 单击日期选择框(DatePicker)选择日期,单击时间选择框(TimePicker)选择时间,如图 5-24 所示。

图 5-24　选择日期和时间

(2) 显示选择的日期和时间，如图 5-25 所示。

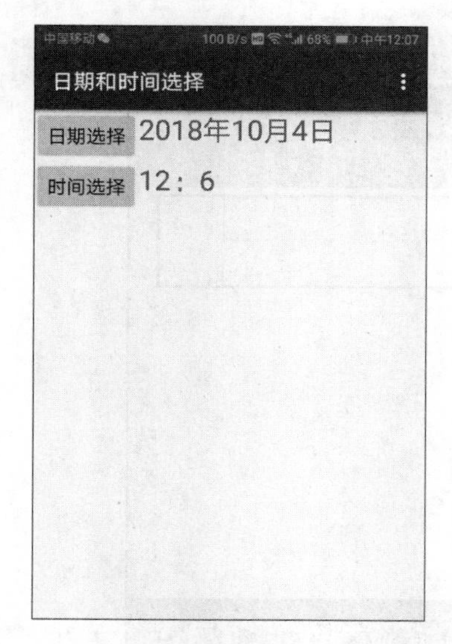

图 5-25 显示日期和时间

5.16 网页浏览框

网页浏览框组件用于浏览网页。

网页浏览框组件的属性面板如图 5-26 所示。其主要属性包括“高度”(Height)、“宽度”(Width)和“首页地址”(HomeUrl)。

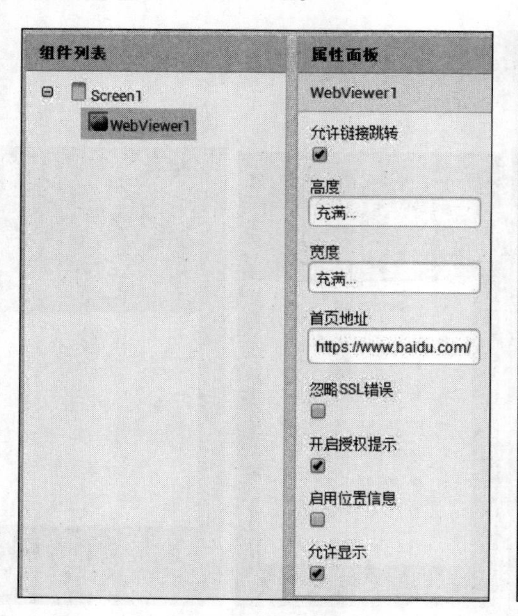

图 5-26 网页浏览框组件的属性面板

网页浏览框组件的事件如下：

网页浏览框组件的主要方法如下：

网页浏览框组件的主要属性如下：

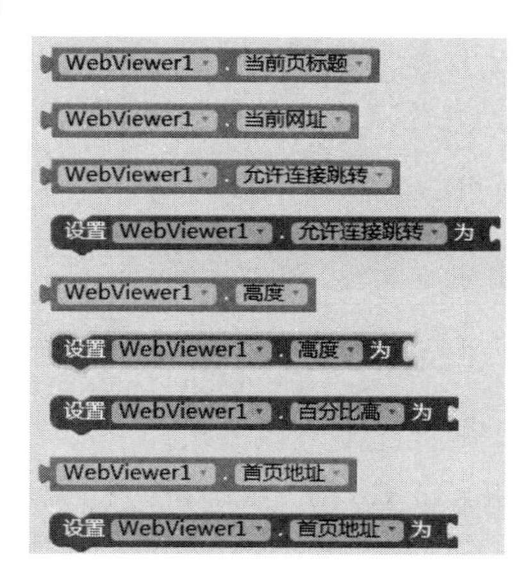

案例 5-5 简易 Web 浏览器

参考源程序：WebViewer. aia

【功能描述】

使用网页浏览框组件设计一个 App，可以输入网址以浏览网页，可以前进、返回和前往主页。

【组件设计】

组件设计如图 5-27 所示。

(1) 设计按钮 Button_HomeUrl、Button_For 和 Button_Back，分别实现前往主页、前进和返回的功能。

(2) 设计文本输入框 TextBox_URL，用来输入网址；设计一个按钮 Button_Go，单击该按钮时访问输入的网址。

(3) 设计网页浏览框 WebViewer1，实现网页浏览。其高度和宽度属性设置为"充满…"，首页地址设置为 https://www. baidu. com/。

图 5-27　组件设计

【逻辑设计】

(1) 在按钮 Button_Go 的 Click 事件下，调用网页浏览框 WebViewer1 的 GoToUrl 方法，访问文本输入框 TextBox_URL 中输入的网址。

```
when Button_Go .Click
do  call WebViewer1 .GoToUrl
                      url  TextBox_URL . Text
```

(2) 在按钮 Button_HomeUrl 的 Click 事件下：

① 调用网页浏览框 WebViewer1 的 GoHome 方法访问首页。

② 将首页网址显示在文本输入框 TextBox_URL 中。

```
when Button_HomeUrl .Click
do  call WebViewer1 .GoHome
    set TextBox_URL . Text to WebViewer1 . HomeUrl
```

(3) 在按钮 Button_For 的 Click 事件下，调用网页浏览框 WebViewer1 的 GoForward 方法访问下一页，即实现前进功能；在按钮 Button_GoBack 的 Click 事件下，调用网页浏览框 WebViewer1 的 GoBack 方法访问前一页，即实现后退功能。

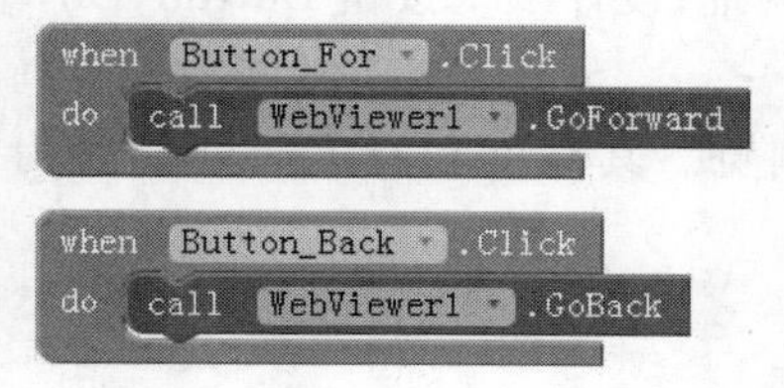

【运行结果】

运行结果如图 5-28 所示。

图 5-28　运行结果

思考与练习

（1）设计一个 App，调用谷歌地图。（参考源程序：WebViewer_Map. aia）

（2）设计一个 App，单击图像时，图像旋转 30°。（参考源程序：Image. aia）

（3）利用滑动条（Slider）实现颜色合成与分解的实时显示。（参考源程序：Color_Slider. aia）

（4）使用颜色选择框设计一个 App，改变 Screen1 的背景颜色。（参考源程序：ColorPicker. aia）

（5）使用文件选择框设计一个 App，读取文件名称和路径。（参考源程序：File_Picker. aia）

第6章

多 媒 体

【教学目标】

(1) 了解语言翻译器组件。

(2) 掌握语音合成器和语音识别器组件。

(3) 熟练应用音效、音频播放器、视频播放器、照相机、图像选择框、录音机和摄像机等组件。

多媒体(Media)模块包括摄像机(Camcorder)、照相机(Camera)、条码扫描器(BarcodeScanner)、二维码生成、图像选择框(ImagePicker)、录音机(SoundRecorder)、声音和振动(Sound)、音频播放器(Player)、视频播放器(VideoPlayer)、语音识别器(SpeechRecognizer)、语音合成器(TextToSpeech)和Yandex语言翻译器(YandexTranslate)12个组件,如图6-1所示。

图 6-1 多媒体模块的组件

6.1　摄像机

摄像机组件可以利用设备的摄像机记录视频。其事件、方法和属性如下：

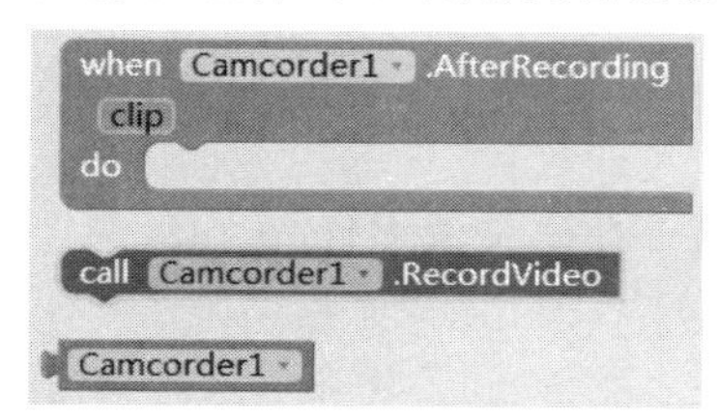

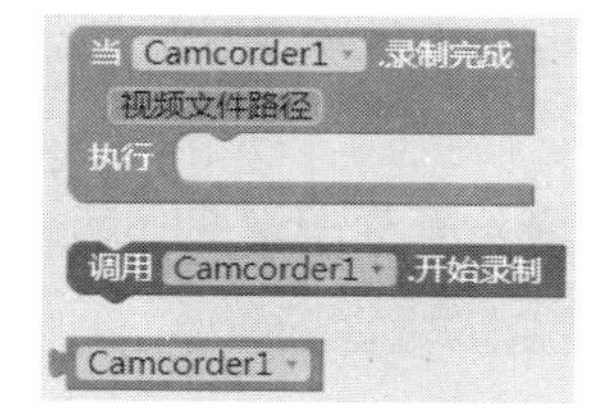

案例 6-1　简易摄像机

参考源程序：Camcorder.aia

【功能描述】

设计一个 App，使用摄像机组件录像并记录录像文件，使用视频播放器组件播放和删除录像文件。

【组件设计】

组件设计如图 6-2 所示。

(1) 设计按钮 Button_StartRecord 和 Button_DeleteRecord，分别用于实现开始录像

图 6-2　组件设计

和删除录像功能。

（2）设计列表显示框 ListView_SavedRecording，用于记录录像文件。

（3）设计摄像机 Camcorder1 和一个视频播放器 VideoPlayer1，分别用于录像和播放录像。

（4）设计标签 Label_Note，用于显示提示信息。

【逻辑设计】

（1）创建空列表(list)，并赋给全局变量 ClipList，用于存储录像文件。

```
initialize global ClipList to  create empty list
```

（2）在开始录像按钮 Button_StartRecord 的 Click 事件下，调用 RecordVideo 方法开始录像。

```
when Button_StartRecord .Click
do  call Camcorder1 .RecordVideo
```

（3）在摄像机 Camcorder1 的 AfterRecording(录像完成)事件下：

① 调用 add 方法将 clip 作为列表项(item)添加到列表 ClipList 中，并赋给列表显示框的 Elements 属性进行显示。

② 设置标签 Label_Note 可见，显示提示消息。

```
when Camcorder1 .AfterRecording
 clip
do  add items to list  list  get global ClipList
                       item  get clip
    set ListView_SavedRecording . Elements to  get global ClipList
    set Label_Note . Visible to  true
```

（4）在列表显示框 ListView_SavedRecording 的 AfterPicking(完成选择)事件下：

① 将选项(Selection)值赋给视频播放器 VideoPlayer1 的 Source(源文件)属性。

② 全屏播放。

```
when ListView_SavedRecording .AfterPicking
do  set VideoPlayer1 . Source to  ListView_SavedRecording . Selection
    set VideoPlayer1 . FullScreen to  true
    call VideoPlayer1 .Start
```

（5）在"删除录像"按钮 Button_DeleteRecord 的 Click 事件下：

① 调用 remove 方法，根据选项索引号(SelectionIndex)删除该录像文件。

② 更新列表显示框的显示。

```
when Button_DeleteRecord .Click
do  remove list item  list  get global ClipList
                      index  ListView_SavedRecording . SelectionIndex
    set ListView_SavedRecording . Elements to  get global ClipList
```

【运行结果】

（1）点击"开始录像"按钮，调用手机的摄像机开始录像，两次录像保存的文件显示在下方的列表中，并显示提示信息，如图 6-3 所示。

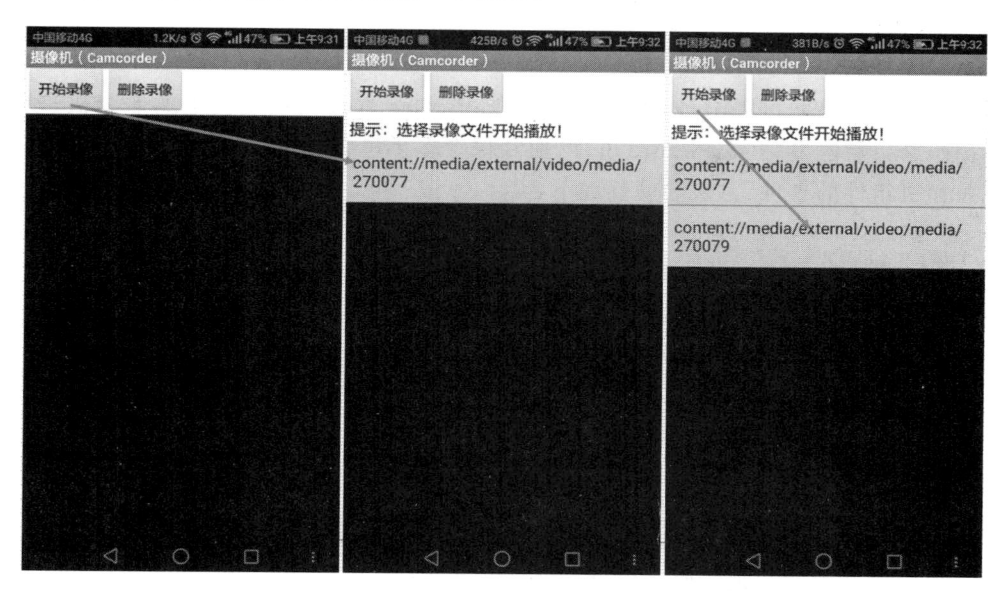

图 6-3　录像

（2）选择某个录像文件，开始全屏播放该视频文件；点击“删除录像”按钮，删除该录像文件。上述操作如图 6-4 所示。

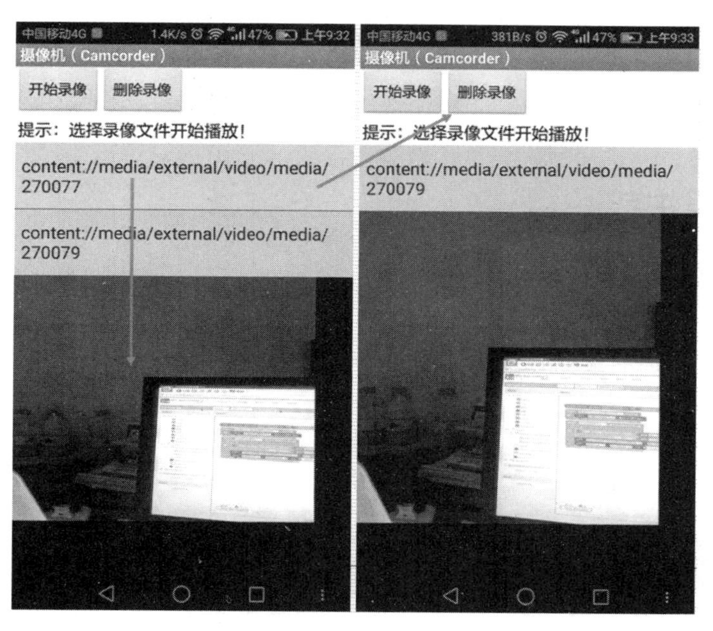

图 6-4　播放和删除录像

6.2 照相机

照相机组件是非可视组件，可以使用 TakePicture 方法调用手机上的照相机进行拍照。拍照结束后触发 AfterPicture 事件，照片保存在手机中，返回图像地址(image)。

照相机组件的事件、方法和属性如下：

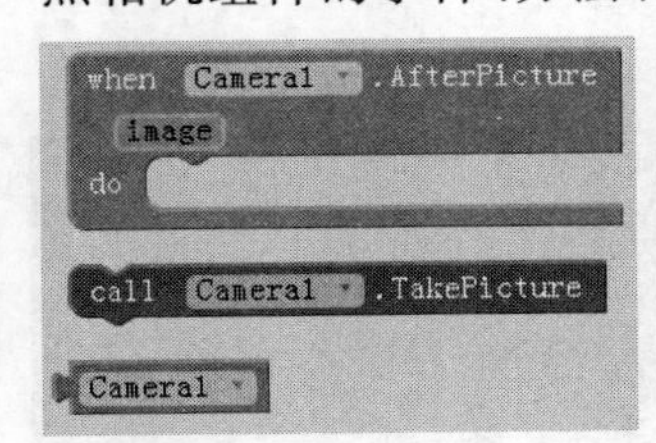

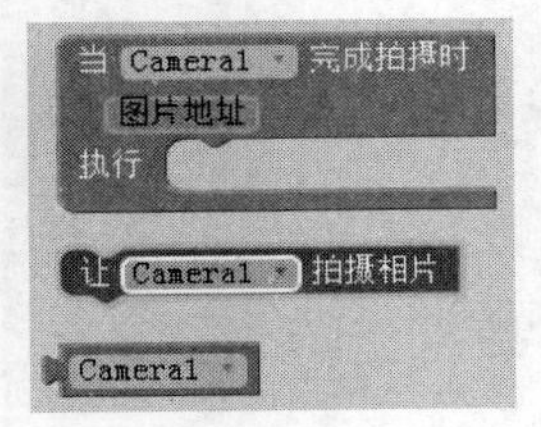

6.3 条码扫描器

条码扫描器组件用来读取条码信息。

条码扫描器组件的事件、方法和属性如下：

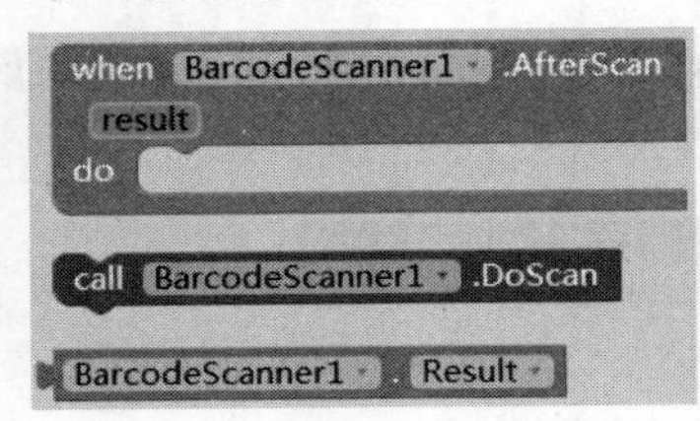

6.4 二维码生成

使用二维码生成组件可生成二维码，可以输出 Base64 字符串图像或者直接设置到图像组件。

二维码生成组件的事件、方法和属性如下：

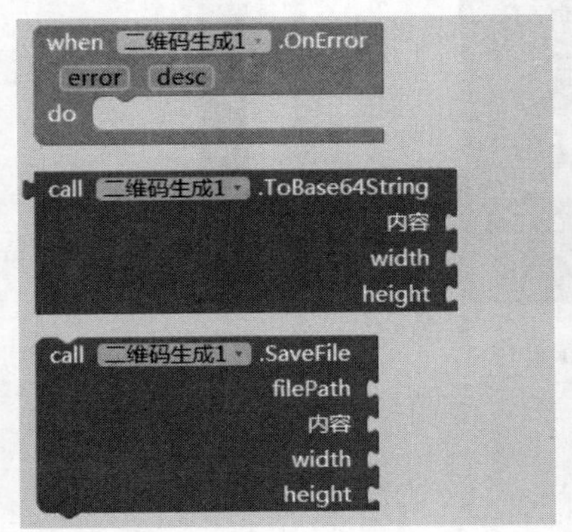

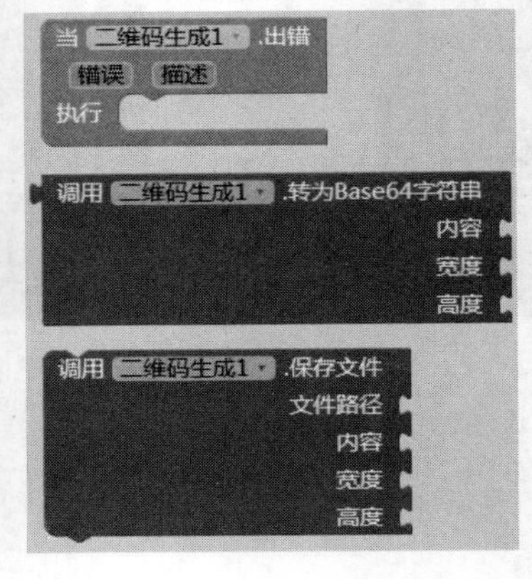

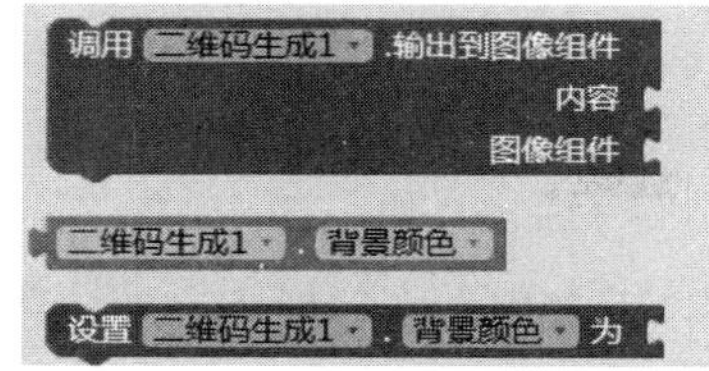

案例 6-2　条码扫描器及二维码生成组件

参考源程序：Scanner_QRCodeGenerate.aia

【功能描述】

设计一个 App，使用条码扫描器组件读取条码或二维码信息；使用二维码生成组件将输入信息转换为二维码。

【组件设计】

组件设计如图 6-5 所示。

(1) 设计按钮 Button_Scan 和 Button_Generate，分别用于在 Click 事件下扫描或生成二维码。

(2) 设计文本输入框 TextBox_Infor，用于显示扫描读取的信息或者输入用于生成二维码的信息。

(3) 设计图像 image_QRCode，用于显示生成的二维码，其"高度"(Height)和"宽度"(Width)属性设置为 150 像素。上传素材 white.jpg，并将其赋给"图片"(Picture)属性。

(4) 设计条码扫描器 BarcodeScanner1 和一个二维码生成组件"二维码生成 1"，用于

图 6-5　组件设计

生成一个对象。

【逻辑设计】

(1) 在 Button _ Scan 的 Click 事件下，调用条码扫描器 BarcodeScanner1 的 DoScan 方法扫描条码或二维码。

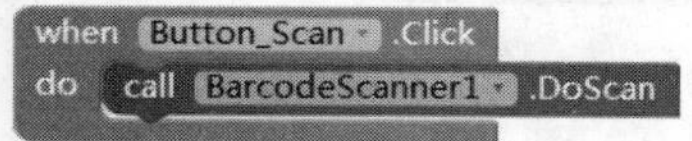

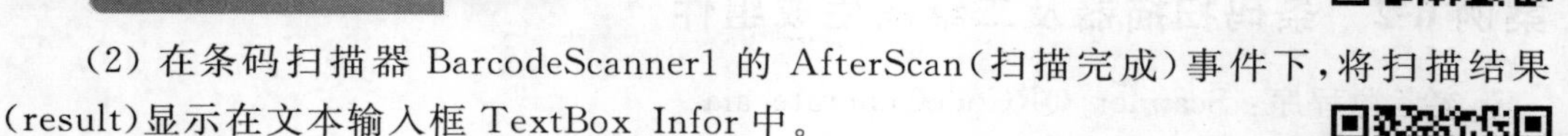

(2) 在条码扫描器 BarcodeScanner1 的 AfterScan(扫描完成)事件下，将扫描结果(result)显示在文本输入框 TextBox_Infor 中。

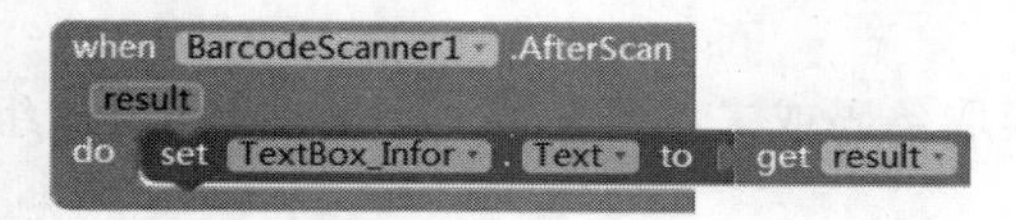

(3) 在按钮 Button_Generate 的 Click 事件下，调用"二维码生成 1"的"输出到图像组件"方法将文本输入框 TextBox_Infor 中输入的信息转换成二维码，赋给图像 Image_QRCode 并显示。

```
when Button_Generate .Click
do call 二维码生成1 .输出到图像组件
                        内容 TextBox_Infor . Text
                    图像组件 Image_QRCode
```

【运行结果】

运行结果如图 6-6 所示。

(1) 点击"扫描"按钮，扫描条码，将扫描结果显示在文本输入框中。

(2) 在文本输入框中输入信息，点击"生成二维码"按钮，生成二维码图片。

图 6-6　运行结果

6.5 图像选择框

图像选择框组件是一个专用按钮，当用户点击该按钮时，将打开设备上的图库，显示图像，供用户选择。当用户选中图像后，组件的“选项”(Selection)属性被设定为图像的文件名。其事件、方法和属性如下：

案例 6-3 简易照相机

参考源程序：Camera_ImagePicker. aia

【功能描述】

使用照相机组件和图像选择框组件设计一个 App，通过手机的照相机拍照片，并设置为屏幕的背景图像；通过图像选择框选择手机中的图像，设置为屏幕的背景图像。

【组件设计】

组件设计如图 6-7 所示。

(1) 设计按钮 Button_TakePicture，用于调用手机的照相机进行拍照，并上传素材 camera. jpg，赋给按钮的“图像”(image)属性。

图 6-7 组件设计

（2）在水平布局组件 HorizontalArrangement2 下，设计图像选择框 ImagePicker1，用于打开并选择手机内存储的图像。

提示：将水平布局组件的“垂直对齐”属性设置为“居下”，可使图像选择框 ImagePicker1 显示在屏幕底部。

（3）设计照相机 Camera1。

（4）上传素材 wall.jpg，设置为屏幕 Screen1 的背景图片。

【逻辑设计】

（1）在按钮 Button_TakePicture 的 Click 事件下，调用照相机 Camera1 的 TakePicture 方法拍照。

（2）在照相机 Camera1 的 AfterPicture 事件下，获取照片 image，设置为屏幕 Screen1 的背景图片（BackgroundImage）。

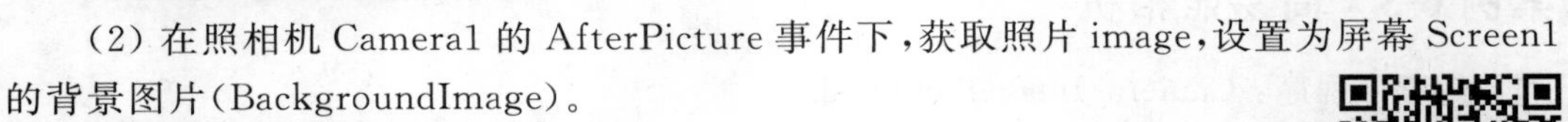

（3）在图像选择框 ImagePicker1 的 AfterPicking 事件下，获取从手机图库中选择的图片（Selection），设置为屏幕 Screen1 的背景图片。

【运行结果】

（1）点击照相机按钮，调用照相机拍照，将照片自动设置为屏幕的背景图片，如图 6-8 所示。

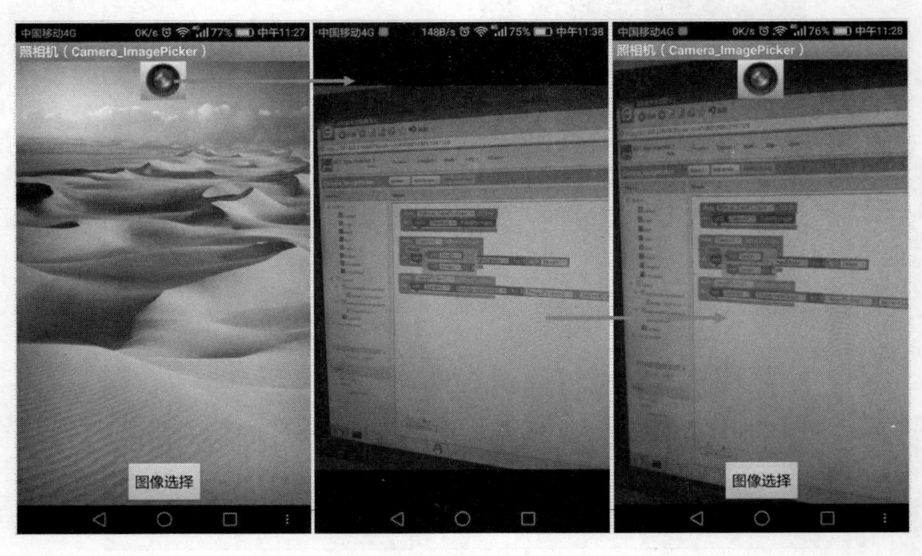

图 6-8 利用照相机拍照

(2) 点击“图像选择”按钮，打开手机图库，将选择的图片设置为手机屏幕的背景图片，如图 6-9 所示。

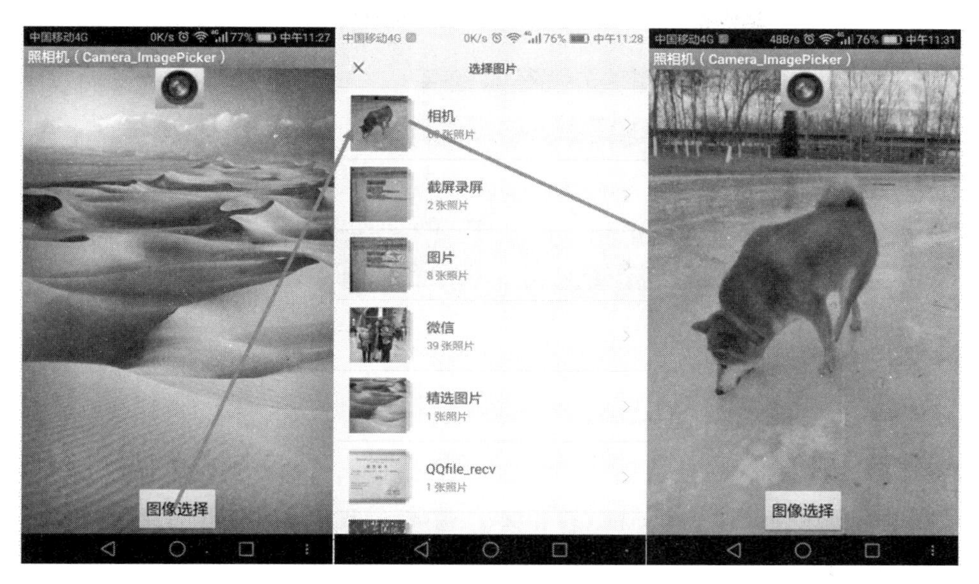

图 6-9　利用图像选择框选择图像

6.6　录音机

录音机是用于录制声音的多媒体组件。

录音机组件只有“保存录音”(SavedRecording)属性，用于设置录音文件的名称，其属性面板如图 6-10 所示。

图 6-10　录音机组件的属性面板

提示：如果设置“保存录音”(SavedRecording)属性，再次录音时将自动覆盖上一次的录音文件。

录音机组件的事件如下：

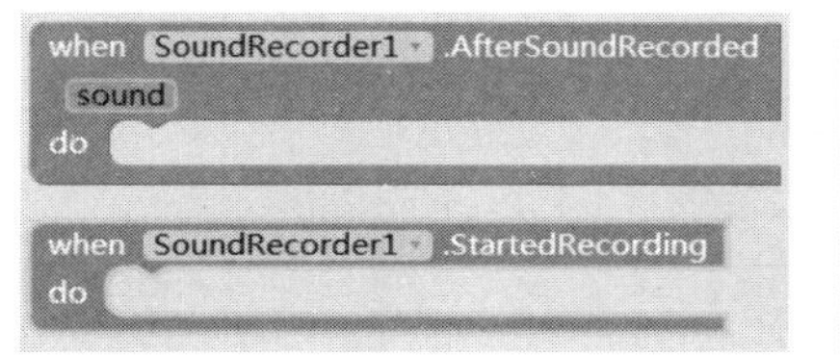

录音机组件的方法如下：

录音机组件的属性如下：

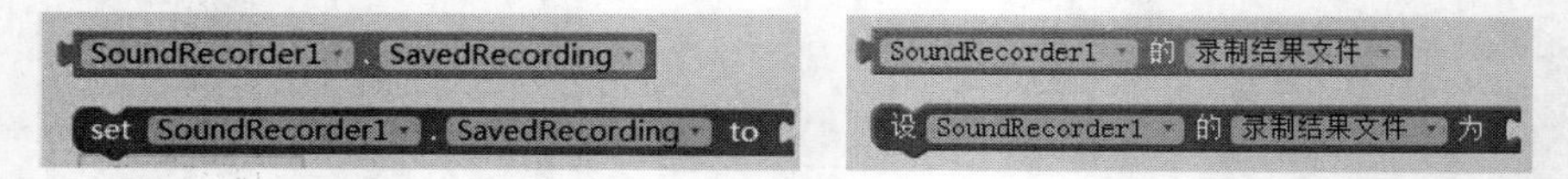

案例 6-4　简易录音机

参考源程序：SoundRecorder. aia

【功能描述】

使用录音机组件设计一个 App，具有录音、播放、管理录音文件等功能。

【组件设计】

组件设计如图 6-11 所示。

(1) 设计按钮 Button_StartRecord、Button_StopRecord、Button_StopPlay 和 Button_DeleteRecord，分别用于开始录音、停止录音、停止播放和删除录音文件功能。

(2) 设计列表显示框 ListView_SavedRecording，用于显示所有录音文件。

(3) 设计录音机 SoundRecorder1 和一个音频播放器 Player1，分别用于录音和播放音频。

图 6-11　组件设计

【逻辑设计】

(1) 创建空的列表(list)，并赋给全局变量 SoundList，用于存储录音文件。

```
initialize global SoundList to  create empty list
```

(2) 在开始录音按钮 Button_StartRecord 的 Click 事件下：

① 调用 Start 方法开始录音。

② 将开始录音按钮 Button_StartRecord 的背景色(BackgroundColor)设置为红色。

```
when Button_StartRecord .Click
do  call SoundRecorder1 .Start
    set Button_StartRecord . BackgroundColor to
```

(3) 在停止录音按钮 Button_StopRecord 的 Click 事件下：

① 调用 Stop 方法停止录音。

② 将开始录音按钮 Button_StartRecord 的背景色(BackgroundColor)设置为灰色。

```
when Button_StopRecord .Click
do  call SoundRecorder1 .Stop
    set Button_StartRecord . BackgroundColor to
```

(4) 在录音机 SoundRecorder1 的 AfterSoundRecorded 事件下：

① 调用 add 方法将录音文件 sound 作为列表项(item)添加到列表 SoundList 中。

② 将列表 SoundList 赋给列表显示框的 Elements 属性并显示。

```
when SoundRecorder1 .AfterSoundRecorded
 sound
do  add items to list  list  get global SoundList
                       item  get sound
    set ListView_SavedRecording . Elements to  get global SoundList
```

(5) 在列表显示框 ListView_SavedRecording 的 AfterPicking 事件下：

① 将选项(Selection)的值赋给音频播放器 Player1 的源文件(Source)。

② 调用音频播放器 Player1 的 Start 方法播放录音文件。

```
when ListView_SavedRecording .AfterPicking
do  set Player1 . Source to  ListView_SavedRecording . Selection
    call Player1 .Start
```

(6) 在停止播放按钮 Button_StopPlay 的 Click 事件下，调用音频播放器 Player1 的 Stop 方法停止播放。

```
when Button_StopPlay .Click
do  call Player1 .Stop
```

(7) 在删除录音按钮 Button_DeleteRecord 的 Click 事件下：

① 根据选项索引号(SelectionIndex)调用 remove 方法删除列表 SoundList 中相应的列表项(item)值。

② 更新列表显示框 ListView_SavedRecording 的显示。

```
when Button_DeleteRecord .Click
do  remove list item list  get global SoundList
                     index  ListView_SavedRecording . SelectionIndex
    set ListView_SavedRecording . Elements to  get global SoundList
```

【运行结果】

(1) 点击"开始录音"按钮,开始录音。按钮背景显示为红色,如图 6-12 左所示。

(2) 点击"停止录音"按钮,结束录音。"开始录音"按钮背景恢复为灰色,录音文件显示在列表显示框中,如图 6-12 右所示。

图 6-12 开始和停止录音

(3) 点击录音文件,开始播放;点击"停止播放"按钮,录音文件播放停止;点击"删除录音"按钮,将该录音文件删除,如图 6-13 所示。

图 6-13 播放、停止播放和删除录音文件

6.7　声音和振动

声音和振动组件可以播放声音文件，并可使手机产生振动。声音和振动组件支持的声音文件格式与具体的 Android 设备有关，主要包括 3gp、mp4 和 mp3 等。

声音和振动组件的属性面板如图 6-14 所示，其主要属性包括“源文件”(Source)和“最小间隔(毫秒)”。

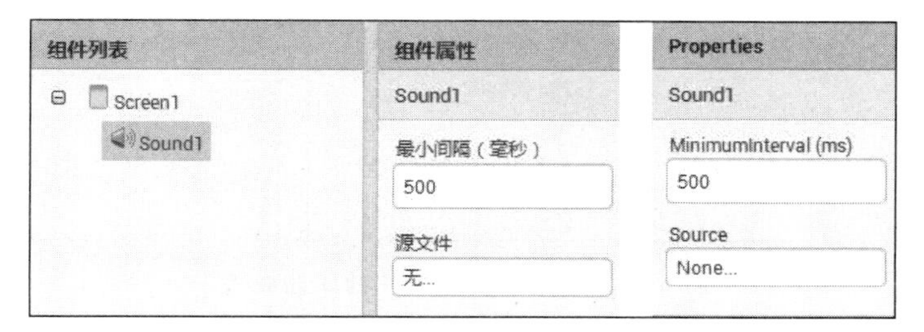

图 6-14　声音和振动组件的属性面板

声音和振动组件的事件如下：

声音和振动组件的方法如下：

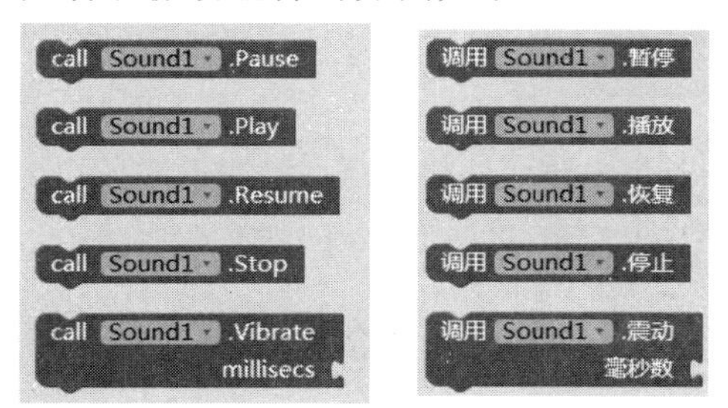

声音和振动组件的属性如下：

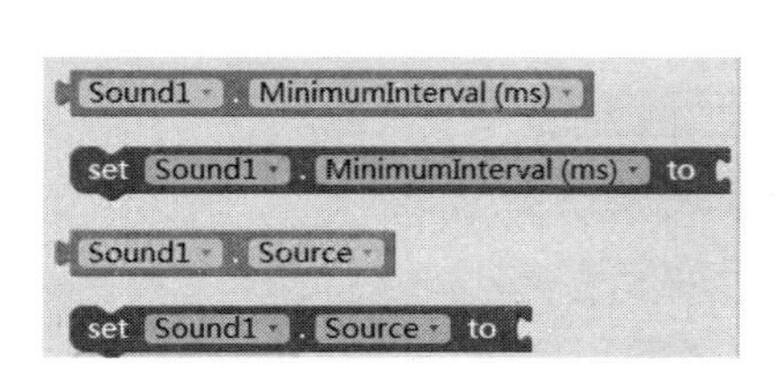

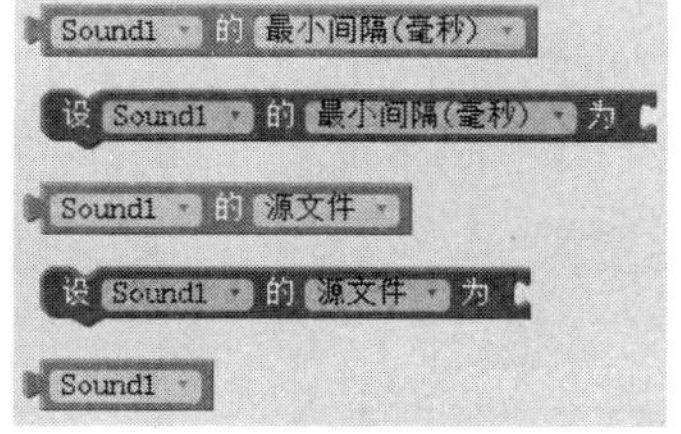

6.8　音频播放器

音频播放器组件可以播放音频，并控制手机的振动。音频播放器组件支持的音频格式与具体的 Android 设备有关，主要包括 3gp 和 mp4。

声音和振动组件适合播放短小的声音文件，如音效；而音频播放器组件更适合播放较长的音频文件，如歌曲。

音频播放器组件的属性面板如图 6-15 所示。

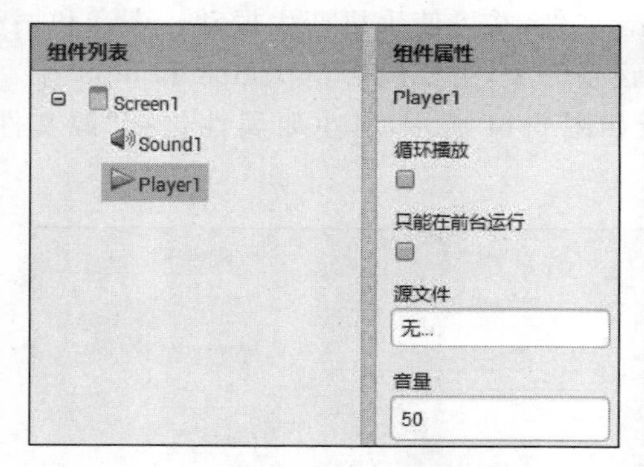

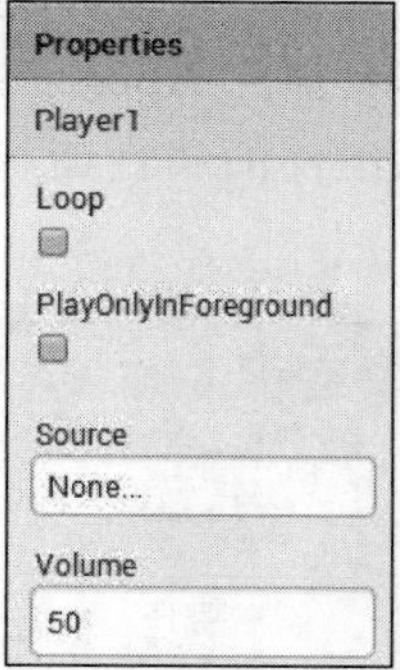

图 6-15　音频播放器组件的属性面板

音频播放器组件的事件如下：

when Player1 .Completed
do

when Player1 .OtherPlayerStarted
do

when Player1 .PlayerError
message
do

音频播放器组件的方法如下：

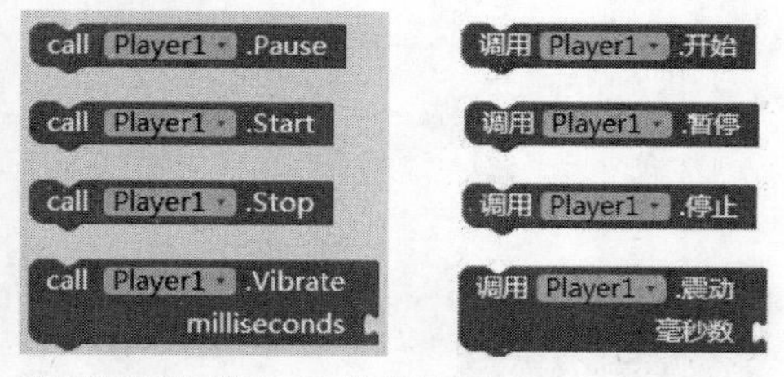

音频播放器组件的属性如下：

Player1 . Loop
set Player1 . Loop to
Player1 . PlayOnlyInForeground
set Player1 . PlayOnlyInForeground to
Player1 . Source
set Player1 . Source to
set Player1 . Volume to

Player1 . 是否循环播放
设置 Player1 . 是否循环播放 为
Player1 . 是否只能在前台运行
设置 Player1 . 是否只能在前台运行 为
Player1 . 源文件
设置 Player1 . 源文件 为
设置 Player1 . 音量 为

案例 6-5　简易音乐播放机

参考源程序：Player. aia

【功能描述】

使用音频播放器组件设计一个 App,可在音乐列表中选择音乐,实现音乐的播放、暂停和停止控制;显示文件名称;按钮颜色根据当前使用情况发生变化。

【组件设计】

组件设计如图 6-16 所示。

(1) 设计按钮 Button_Play、Button_Pause 和 Button_Stop,分别用于控制音乐的播放、暂停和停止。

(2) 设计文本输入框 TextBox_Source,用于显示源文件名称。

(3) 设计列表显示框 ListView_Music,用于显示音乐列表。

(4) 设计音频播放器 Player1,用于播放音乐。

(5) 上传音乐源文件素材 1. mid～5. mid。

图 6-16　组件设计

【逻辑设计】

(1) 在屏幕 Screen1 初始化(Initialize)事件下,创建列表(list)并将列表项赋给列表显示框 ListView_Music 的 Elements 属性显示。

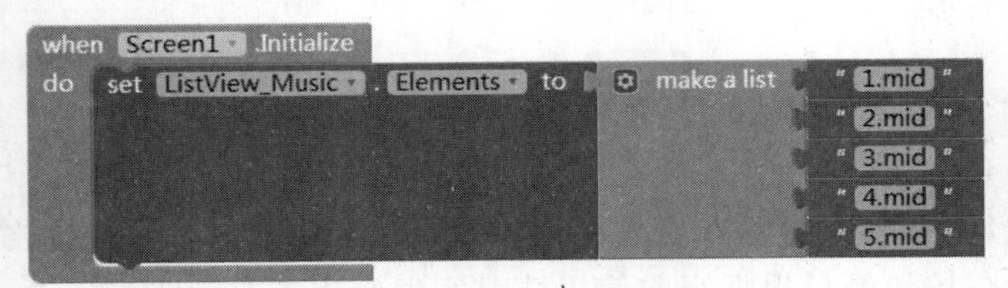

(2) 在列表显示框 ListView_Music 的 AfterPicking 事件下：

① 将“选项”(Selection)的值赋给音频播放器 Player1 的“源文件”(Source)属性。

② 调用 Player1 的 Start 方法开始播放。

③ 设置播放按钮 Button_Play 的背景色(BackgroundColor)为蓝色，其他按钮为灰色。

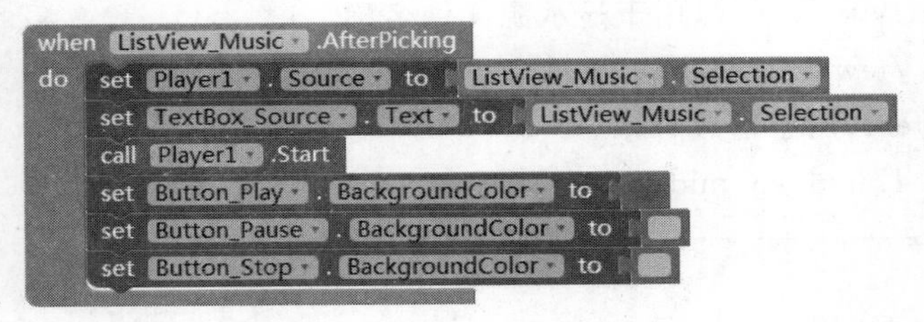

(3) 分别在按钮 Button_Play、Button_Pause 和 Button_Stop 的 Click 事件下：

① 调用 Start、Pause 和 Stop 方法，实现音乐的播放、暂停或停止。

② 设置相应按钮的背景色(BackgroundColor)为蓝色，其他按钮为灰色。

③ 用户点击“停止”(Stop)按钮时，清空源文件及其显示。

```
when Button_Play .Click
do  call Player1 .Start
    set Button_Play . BackgroundColor to
    set Button_Pause . BackgroundColor to
    set Button_Stop . BackgroundColor to

when Button_Pause .Click
do  call Player1 .Pause
    set Button_Pause . BackgroundColor to
    set Button_Play . BackgroundColor to
    set Button_Stop . BackgroundColor to

when Button_Stop .Click
do  call Player1 .Stop
    set Player1 . Source to " "
    set TextBox_Source . Text to " "
    set Button_Stop . BackgroundColor to
    set Button_Play . BackgroundColor to
    set Button_Pause . BackgroundColor to
```

【运行结果】

(1) 打开程序，显示音乐文件列表，如图 6-17 左所示。

(2) 选择某个音乐文件，点击“播放”按钮开始播放该音乐，“播放”按钮显示为蓝色，其他按钮显示为灰色，在文本输入框中显示源文件名称，如图 6-17 右所示。

图 6-17　列表初始化和音乐播放

(3) 点击“暂停”按钮，暂停音乐播放，“暂停”按钮显示为蓝色，其他按钮显示为灰色，如图 6-18 左所示。

(4) 点击“停止”按钮，关闭音乐，“停止”按钮显示为蓝色，其他按钮显示为灰色，清空源文件名称的显示，如图 6-18 右所示。

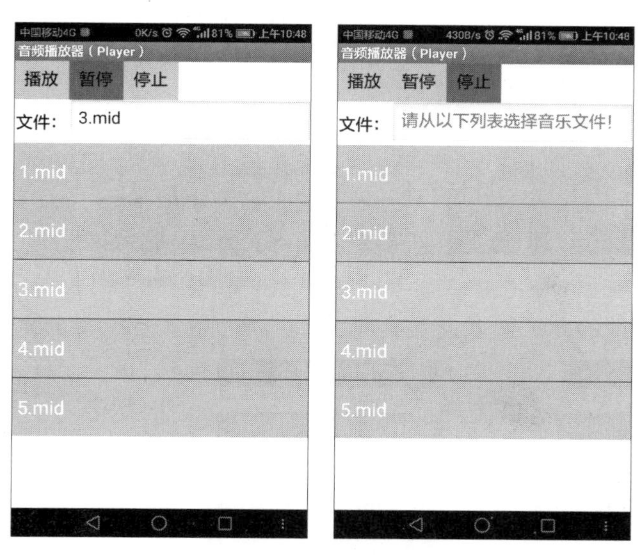

图 6-18　音乐暂停和停止

6.9 视频播放器

视频播放器是用于播放视频的多媒体组件。在 App 中显示为一个矩形框，用户触摸矩形框时，将出现控制箭头：播放/暂停、快进、快退。

视频文件必须为 wmv、3gp 或 mp4 格式。

App Inventor 限定单个视频文件不能超过 1MB。也可以将视频播放器组件的源属性设置为 URL，以播放网络上的视频资源。

视频播放器组件的属性面板如图 6-19 所示。

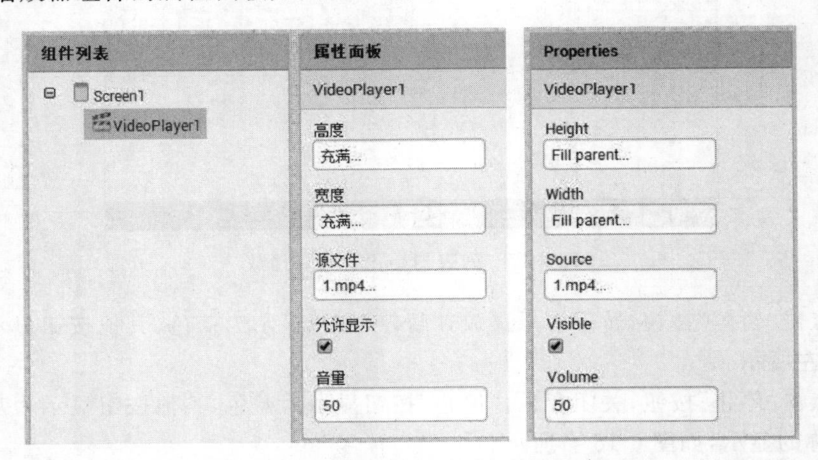

图 6-19 视频播放器组件的属性面板

视频播放器组件的事件如下：

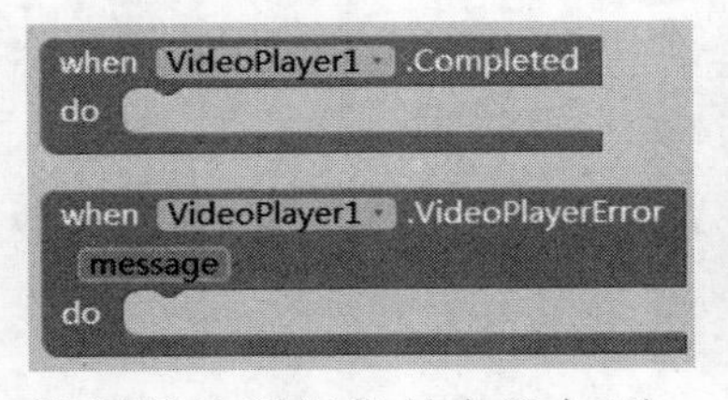

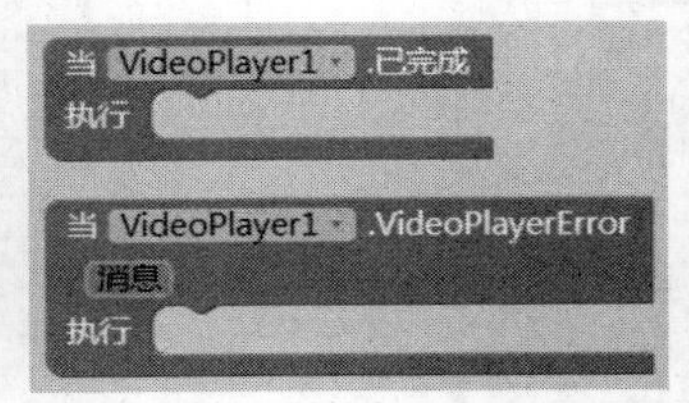

视频播放器组件的方法如下：

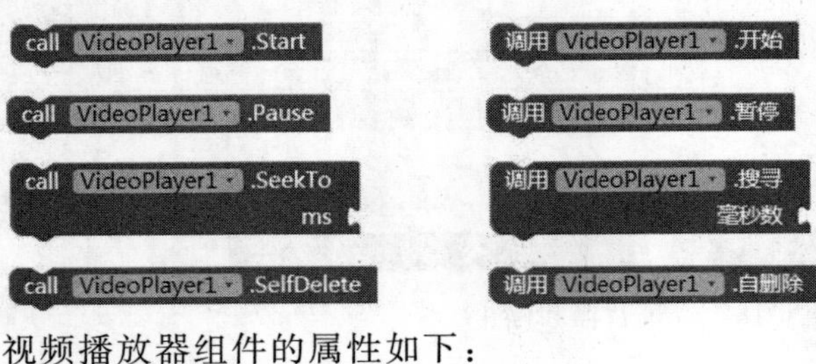

视频播放器组件的属性如下：

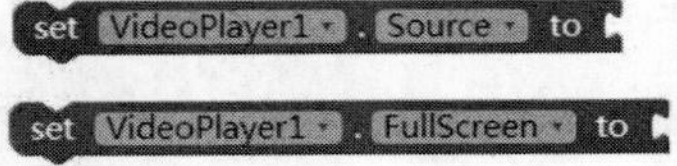

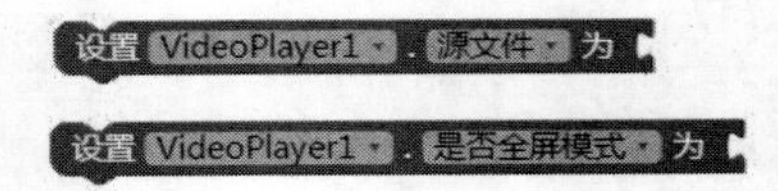

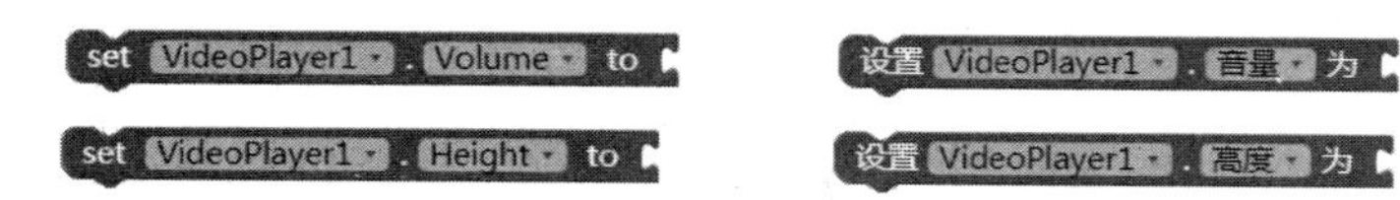

案例 6-6　简易视频播放器

参考源程序：VideoPlayer.aia

【功能描述】

使用视频播放器组件设计一个 App，实现视频播放、暂停和全屏播放等功能。

【组件设计】

组件设计如图 6-20 所示。

(1) 设计按钮 Button_Play、Button_Pause 和 Button_FullScreen，分别用于控制视频播放器 VideoPlayer1 的播放、暂停和全屏播放。

(2) 设计视频播放器 VideoPlayer1，上传视频素材 1.mp4，并设置为源文件。

图 6-20　组件设计

【逻辑设计】

(1) 在按钮 Button_Play 的 Click 事件下，调用视频播放器 VideoPlayer1 的 Start 方法播放视频文件。

(2) 在按钮 Button_Pause 的 Click 事件下，调用视频播放器 VideoPlayer1 的 Pause 方法暂停视频文件的播放。

(3) 在按钮 Button_FullScreen 的 Click 事件下，将视频播放器 VideoPlayer1 的“全屏播放”(FullScreen)属性设置为 true。

```
when Button_Play .Click
do  call VideoPlayer1 .Start

when Button_Pause .Click
do  call VideoPlayer1 .Pause

when Button_FullScreen .Click
do  set VideoPlayer1 . FullScreen to true
```

【运行结果】

运行结果如图 6-21 所示。

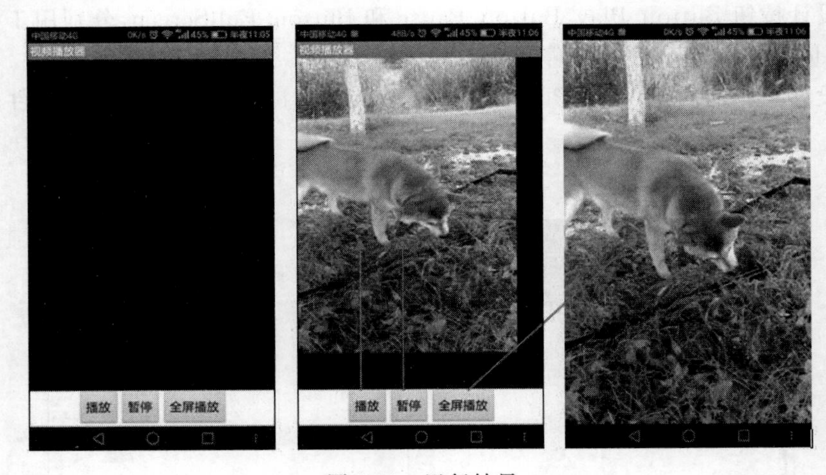

图 6-21　运行结果

6.10　语音识别器

语音识别器组件可以使用 Android 设备的语音识别功能识别用户语音，并将语音转换为文字。

其事件、方法和属性如下：

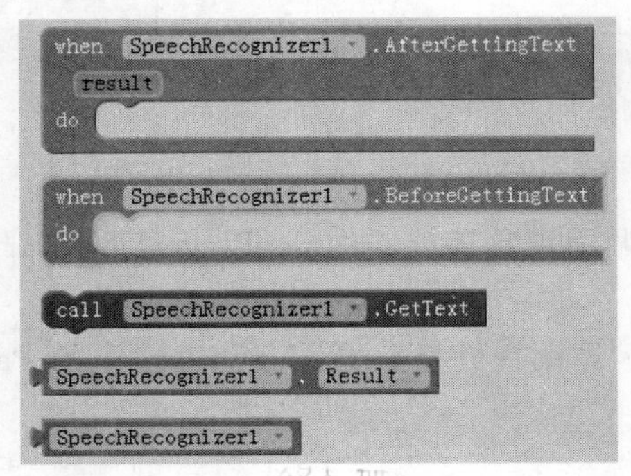


```
当 SpeechRecognizer1 完成语音识别时
返回结果
执行

当 SpeechRecognizer1 准备语音识别时
执行

让 SpeechRecognizer1 识别语音

SpeechRecognizer1 的 结果

SpeechRecognizer1
```

6.11 语音合成器

语音合成器组件可实现将文本转换为语音的功能。

语音合成器组件的属性面板如图 6-22 所示。

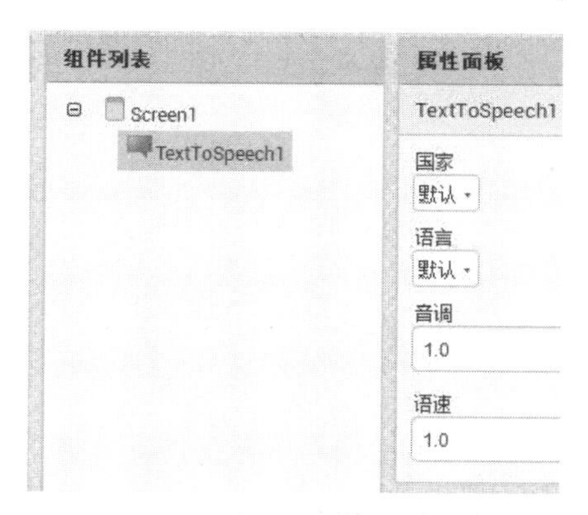

图 6-22 语音合成器组件的属性面板

语音合成器组件的事件、方法和属性如下：

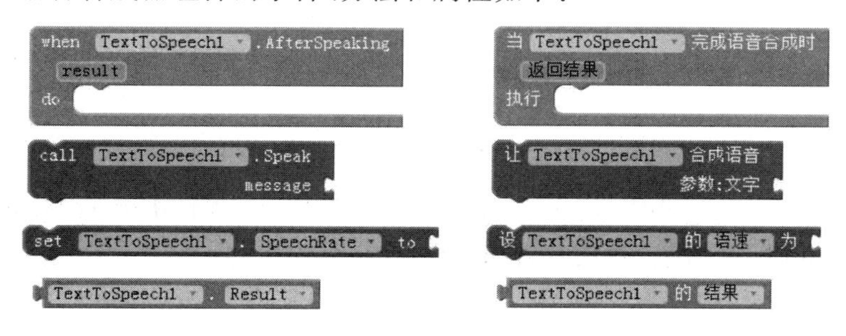

案例 6-7 简易语音文本识别转换器

参考源程序：SpeechRecognizer_TextToSpeech. aia

【功能描述】

设计一个 App，使用语音识别器组件将语音识别为文本，使用语音合成器组件将文本转换为语音。

【组件设计】

组件设计如图 6-23 所示。

(1) 设计按钮 Button_SpeechRecognizer 和 Button_TextToSpeech，用于触发 Click 事件。

(2) 设计文本输入框 TextBox_Text，用于显示由语音识别得到的文字或输入要转换为语音的文字。

(3) 设计语音识别器 SpeechRecognizer1 和一个语音合成器 TextToSpeech1，用于实

现将语音识别为文本或将文本转换为语音的功能。

图 6-23　组件设计

【逻辑设计】

(1) 在按钮 Button_SpeechRecognizer 的 Click 事件下，调用语音识别器 SpeechRecognizer1 的 GetText 方法，将语音转换为文字。

```
when Button_SpeechRecognizer .Click
do  call SpeechRecognizer1 .GetText
```

(2) 在语音识别器 SpeechRecognizer1 的 AfterGettingText 事件下，将由语音转换得到的文字结果(Result)赋给文本输入框 TextBox_Text 的 Text 属性并显示。

```
when SpeechRecognizer1 .AfterGettingText
 result
do  set TextBox_Text . Text to  get result
```

(3) 在按钮 Button_TextToSpeech 的 Click 事件下，调用语音合成器 TextToSpeech1 的 Speak 方法，将文本输入框中的文字赋给其 message 属性并转换为语音。

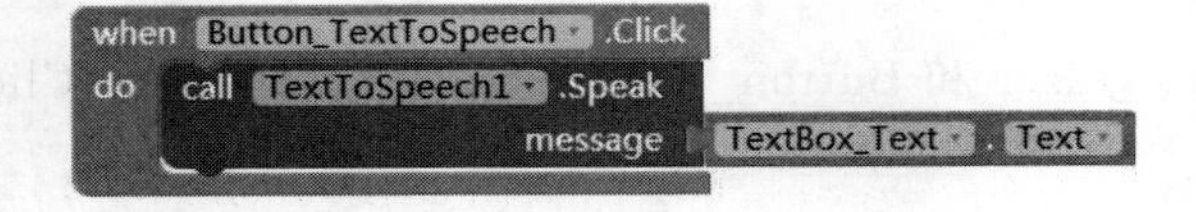

【手机配置】

(1) 在手机中安装“讯飞语音＋.apk”和“讯飞输入法.apk”。

（2）在手机中设置“讯飞语音＋”和“讯飞输入法”，如图6-24所示。

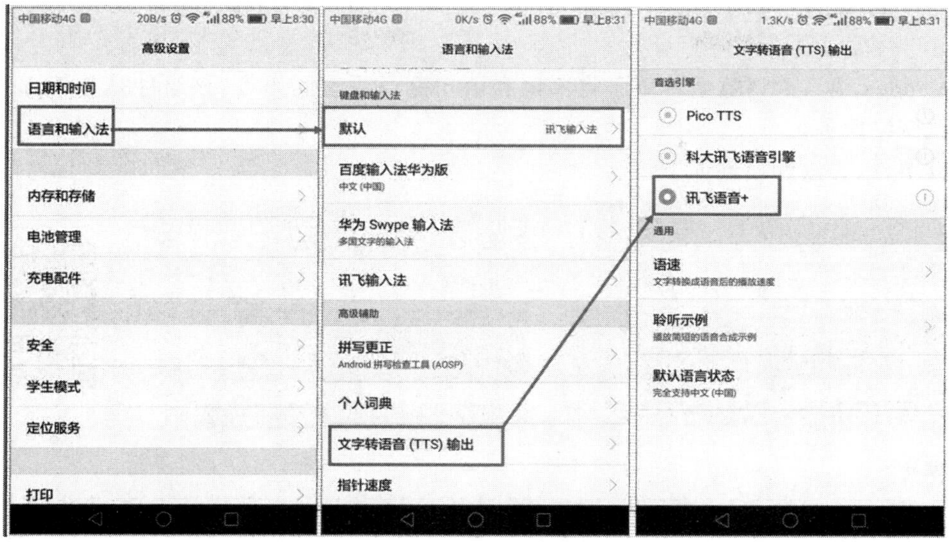

图6-24　“讯飞语音＋”和“讯飞输入法”的安装与设置

提示：不同手机设置“讯飞语音＋”和“讯飞输入法”的界面可能有所不同，可参考手机说明书设置。

【运行结果】

运行结果如图6-25所示。

（1）用户点击“语音→文字”按钮，打开语音识别窗口，将语音转换为文字后显示在文本输入框中。

（2）用户点击“文字→语音”按钮，自动将文本输入框中的文字转换为语音。

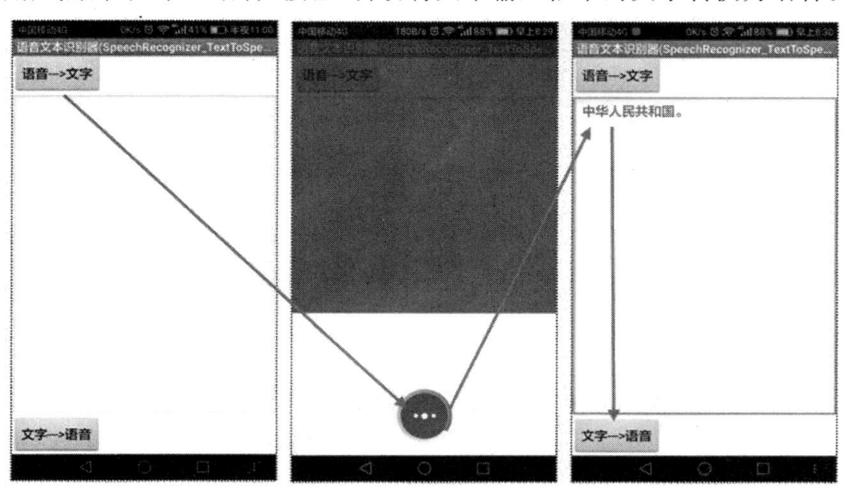

图6-25　运行结果

6.12 Yandex 语言翻译器

Yandex 语言翻译器组件用于将单词和语句翻译为不同语言，该组件是基于 Yandex 的相关网络服务。

其事件、方法和属性如下：

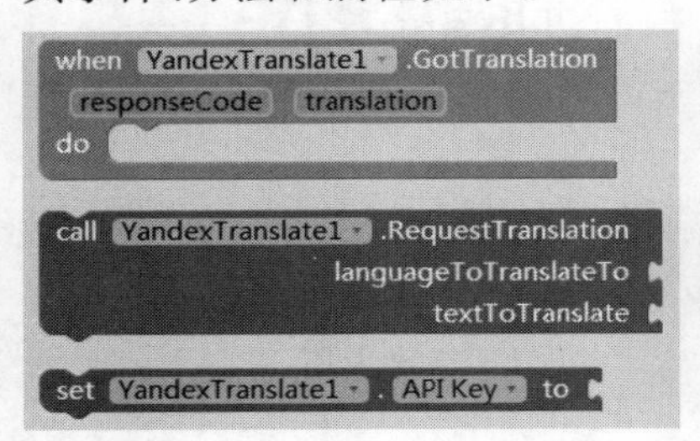

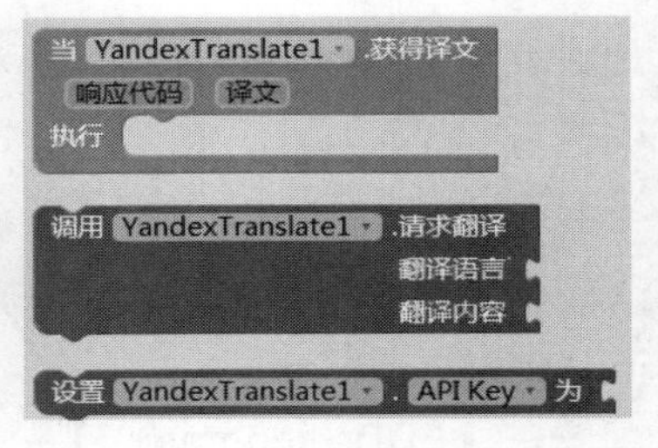

提示：

- 当 responseCode（响应代码）=200 时，GotTranslation（获得译文）方法执行成功。
- 当 languageToTranslateTo（翻译语言）="zh"时，翻译语言为中文。

案例 6-8 简易语言翻译器

参考源程序：YandexTranslate. aia

【功能描述】

使用 Yandex 语言翻译器组件设计一个 App，可将英文自动翻译为中文。

【组件设计】

组件设计如图 6-26 所示。

图 6-26　组件设计

（1）设计文本输入框 TextBox_English 和 TextBox_Chinese，分别用于输入英文和显示中文译文。

（2）设计按钮 Button_Translate，用于在 Click 事件下触发翻译功能。

（3）设计 Yandex 语言翻译器 YandexTranslate1。

【逻辑设计】

（1）在按钮 Button_Translate 的 Click 事件下，调用 Yandex 语言翻译器 YandexTranslate1 的 RequestTranslation 方法，将文本输入框 TextBox_English 中输入的英文翻译为中文（zh）。

```
when Button_Translate .Click
do  call YandexTranslate1 .RequestTranslation
                  languageToTranslateTo  " zh "
                  textToTranslate  TextBox_English . Text
```

（2）在 YandexTranslate1 的 GotTranslation（获得译文）事件下，如果 responseCode（响应代码）=200，则成功获取 translation（译文），并将其赋给文本输入框 TextBox_Chinese 的 Text 属性显示。

```
when YandexTranslate1 .GotTranslation
 responseCode  translation
do  if  get responseCode = 200
    then  set TextBox_Chinese . Text to  get translation
```

【运行结果】

运行结果如图 6-27 所示。

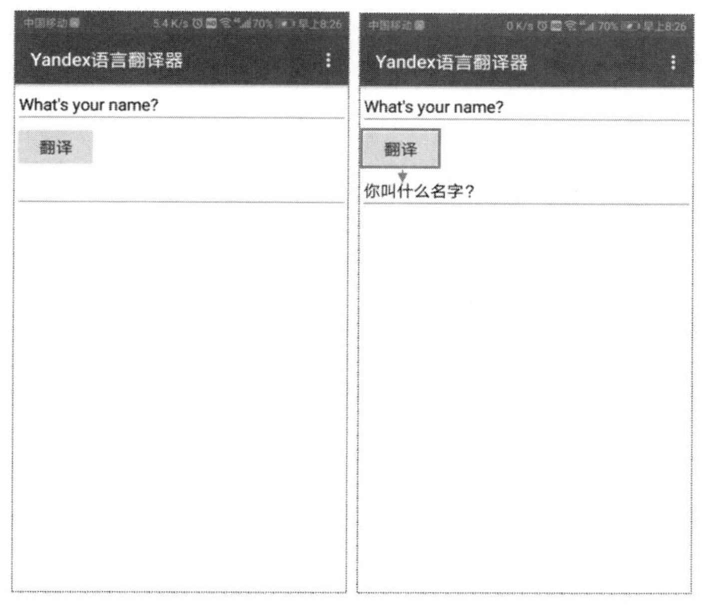

图 6-27　运行结果

思考与练习

（1）音频播放器和视频播放器可以分别播放哪些格式的文件？

（2）在音乐播放器(Player. aia)的基础上设计滑动条，用于调节音量。（参考源程序：Player_EX. aia）

（3）使用 Google 翻译实现网页中不同语言之间的翻译。（参考源程序：Translate_WebViewer. aia;Google 翻译网址：https://translate. google. cn/）

（4）条码和二维码有何不同？二维码可以存储哪些种类的信息？

第7章

绘 图 动 画

【教学目标】

(1) 掌握球形精灵组件。

(2) 熟练应用画布和图像精灵组件。

绘图动画(Drawing and Animation) 模块包括球形精灵(Ball)、画布(Canvas)和图像精灵(ImageSprite)3 个组件,如图 7-1 所示。

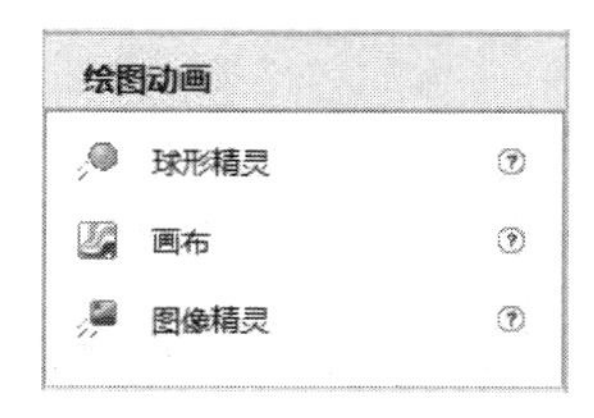

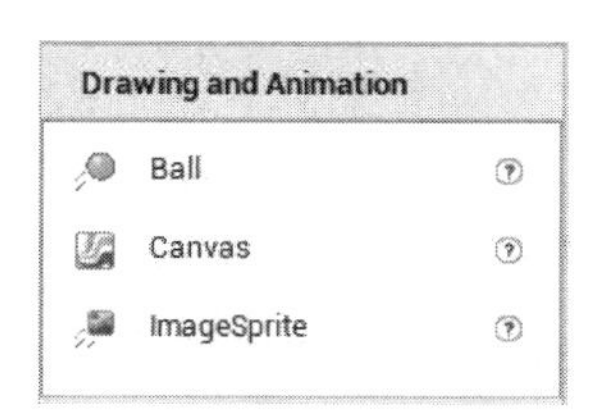

图 7-1　绘图动画模块的组件

7.1　球形精灵

球形精灵组件是一个球形的精灵,可放置在画布上,并与外界进行交互。外界与球形精灵之间共有 3 种交互方式:用户可以通过触碰及拖曳的方式与之交互;球形精灵与其他精灵(包括图像精灵或其他球形精灵)之间通过碰撞的方式交互;球形精灵与画布的边缘之间的交互。

该组件可依据属性值移动。例如,想让球形精灵每 500ms 向画布的顶部移动 4 个像素,可以将球形精灵的速度(speed)属性设置为 4(像素),将时间间隔(interval)属性设置为 500ms,将方向(heading)属性设置为 90°,勾选“启用”(Enabled)复选框。

球形精灵组件的属性面板如图 7-2 所示。

球形精灵组件的事件有被碰撞(CollideWith)、被拖动(Dragged)、到达边界(EdgeReached)和被快速划过(Flung)等。

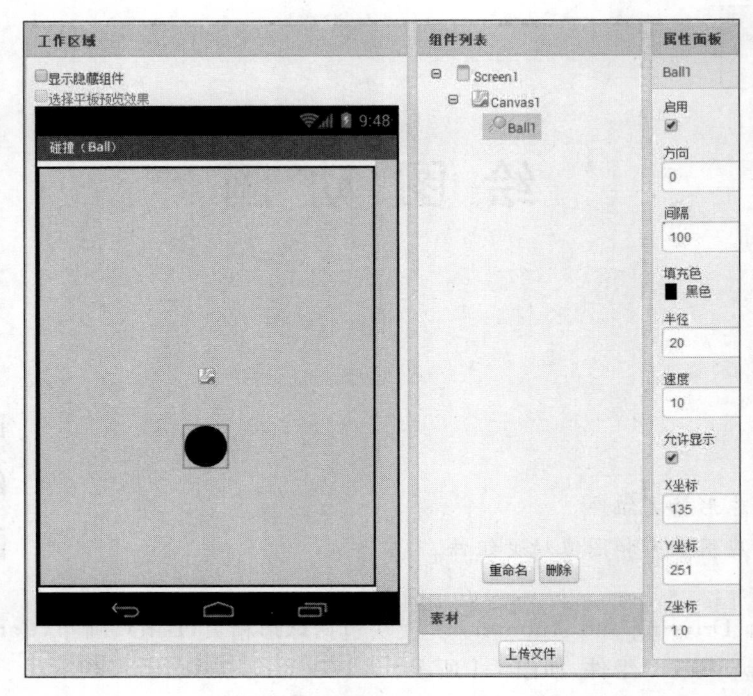

图 7-2 球形精灵组件的属性面板

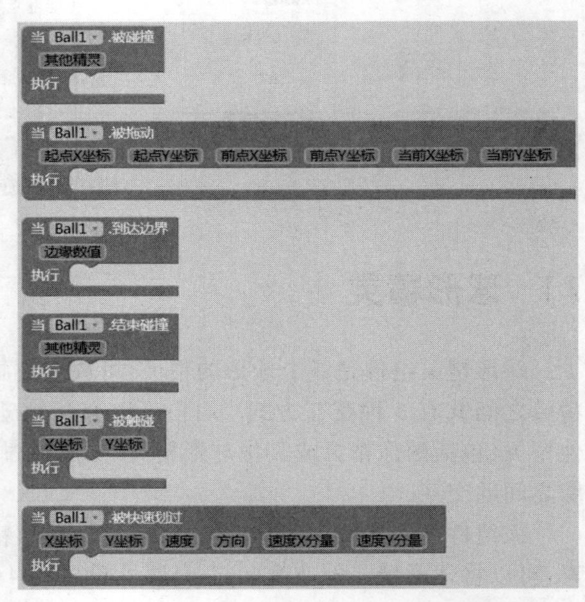

球形精灵组件的方法有反弹(Bounce)、是否碰撞(CollidingWith)、移动到指定位置(MoveTo)、转向指定对象(PointTowards)、转向指定位置(PointInDirection)和自删除(SelfDelete)等。

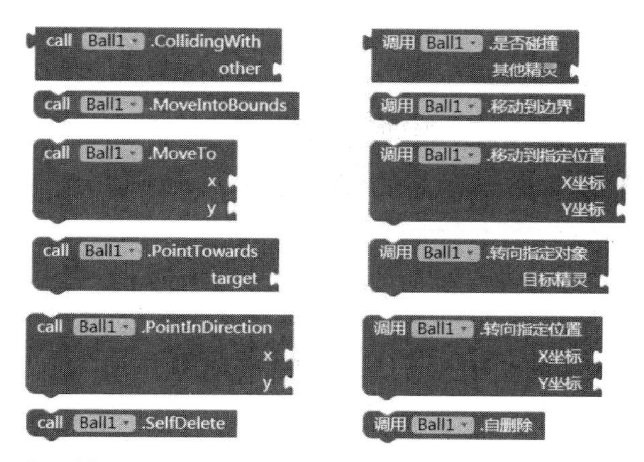

球形精灵组件的属性有方向(Heading)、速度(Speed)、是否显示(Visible)和半径(Radins)等。

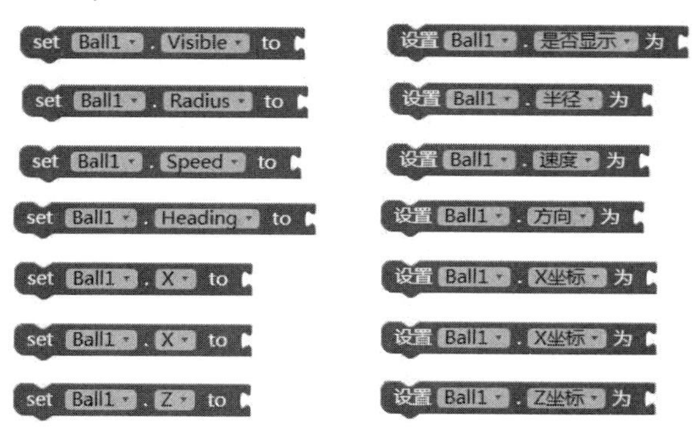

7.2 画布

画布组件是一个二维的、具有触感的矩形框,可以在其中绘画,或让精灵在其中移动。

可以在组件设计视图或逻辑设计视图中设置其背景颜色、画笔颜色、背景图片、宽度、高度等属性。宽度和高度必须为正值,以像素为单位。

画布上的任何一点都可以表示为一对坐标(X,Y),其中,X 表示该点距离画布左边界的像素数,Y 表示该点距离画布上边界的像素数。

画布可以感知触碰事件,并获知触碰点,也可以感知对其中的精灵(图像精灵或球形精灵)的拖曳。此外,画布组件还具有画点、画线及画圆的方法。

画布组件的属性面板如图 7-3 所示。

画布组件有被拖动(Dragged)、被快速划过(Flung)和旋转手势(Rotate)3 个事件。

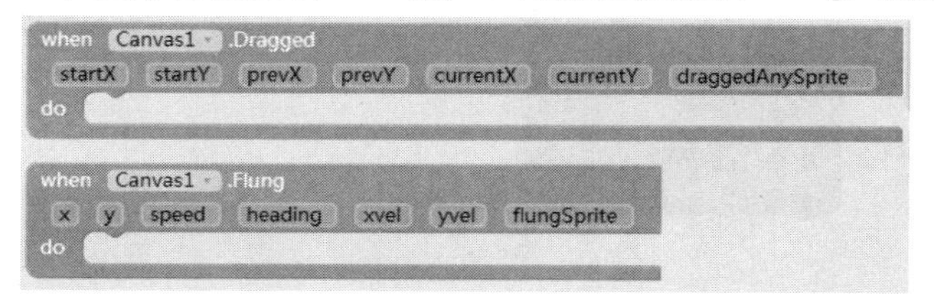

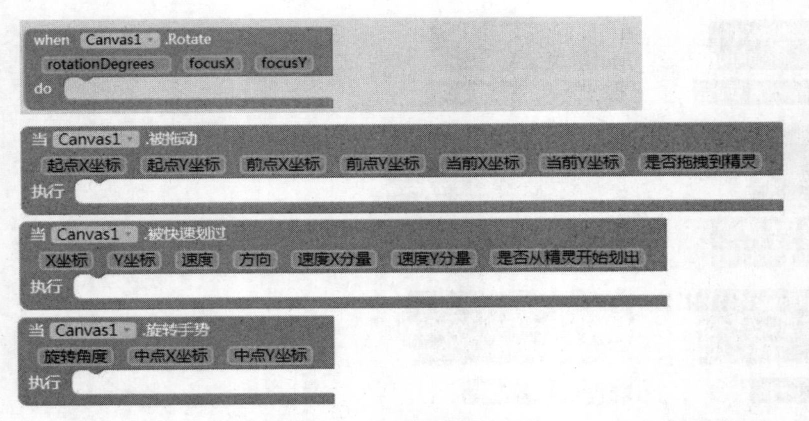

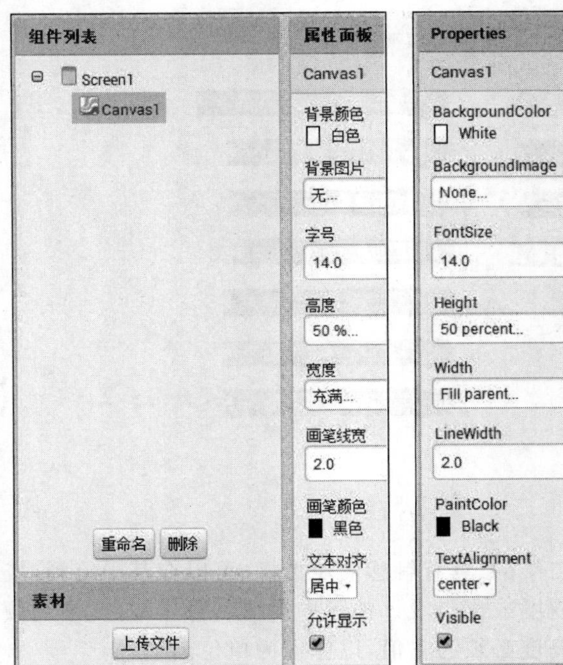

图 7-3　画布组件的属性面板

画布组件有清除画布(Clear)、画圆(DrawCircle)、画线(DrawLine)和保存(Save)4 个方法。

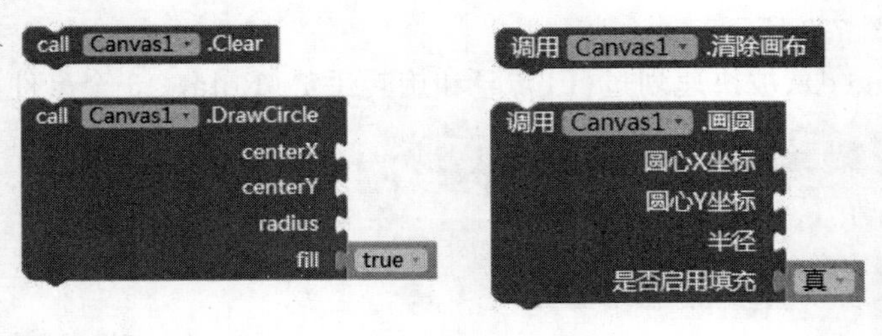

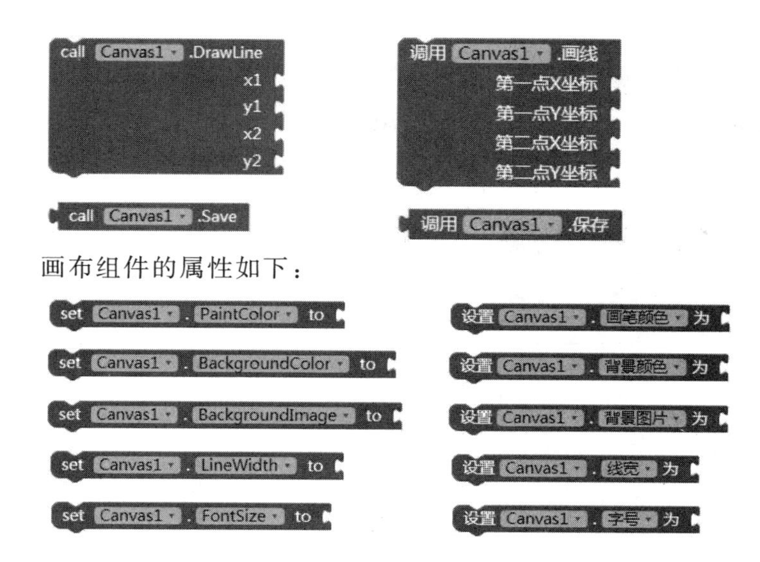

画布组件的属性如下：

案例 7-1　简单画布

参考源程序：Canvas. aia

【功能描述】

使用画布组件设计一个 App，可设置线宽、颜色，可以画线、清除画布、保存图画等。

【组件设计】

(1) 设计标签 Label_PaintColor 和 Label_LineWidth，分别用于显示画笔颜色和画笔宽度的提示文字。

(2) 设计按钮 Button_Red、Button_Green 和 Button_Blue，其背景颜色(BackgroundColor)分别设置为红(Red)、绿(Green)和蓝(Blue)，用于设置画布的画笔颜色(PaintColor)。

(3) 设计滑动条 Slider_LineWidth，用于设置线宽。

(4) 设计画布 Canvas1，将宽度设置为"充满…"，高度设置为 68%，默认画笔颜色为黑色(Black)。

(5) 设计按钮 Button_Save 和 Button_Clear，分别用于保存画布上的图画和清空画布。

(6) 设计标签 Label_SaveFile，用于显示保存图画的位置。

完成组件设计的界面如图 7-4 所示。

【逻辑设计】

(1) 在按钮 Button_Red、Button_Green 和 Button_Blue 的 Click 事件下，分别设置画布 Canvas1 的画笔颜色(PaintColor)属性为红(Red)、绿(Green)和蓝(Blue)。

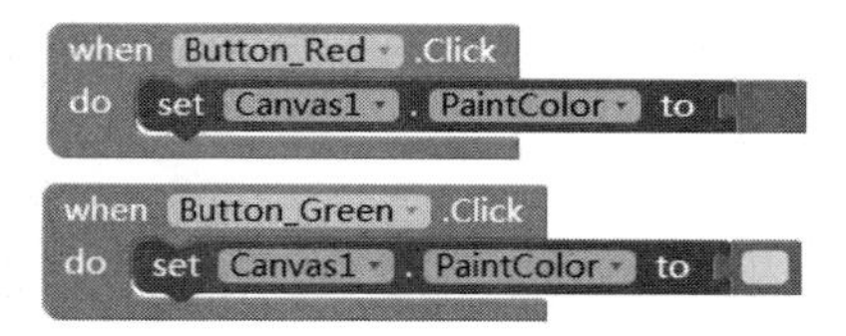

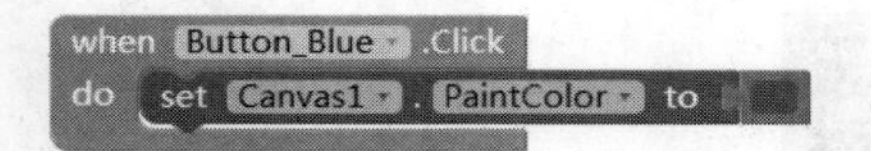

图 7-4　组件设计

（2）在滑动条 Slider_LineWidth 的 PositionChanged 事件下，将滑块 thumbPosition 值设置为画布 Canvas1 的线宽（LineWidth）。

when Slider_LineWidth .PositionChanged thumbPosition
do set Canvas1 . LineWidth to get thumbPosition

（3）在画布 Canvas1 的 Dragged 事件下，调用画布的 DrawLine 方法画线。

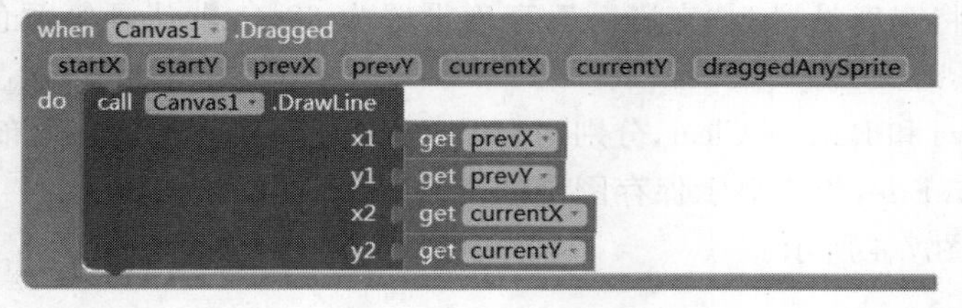

提示：prevX、prevY 为前一位置坐标，currentX、currentY 为当前位置坐标。

（4）在按钮 Button_Save 和 Button_Clear 的 Click 事件下，分别调用画布的 Save 和 Clear 方法保存画布上的图画和清空画布，并将图画的保存位置赋给标签 Label_SaveFile 的 Text 属性进行显示。

```
when Button_Clear .Click
do  call Canvas1 .Clear
    set Label_SaveFile . Text to " "
```

【运行结果】

(1) 分别点击3个画笔颜色按钮设置画笔颜色，在画布上画出不同颜色的曲线。

(2) 调整滑块位置，设置画布的线宽，在画布上画出不同宽度的曲线。

(3) 点击“保存”按钮，保存图画，通过标签显示图画的保存位置。

(4) 点击“清除”按钮，清空画布。

运行结果如图7-5所示。

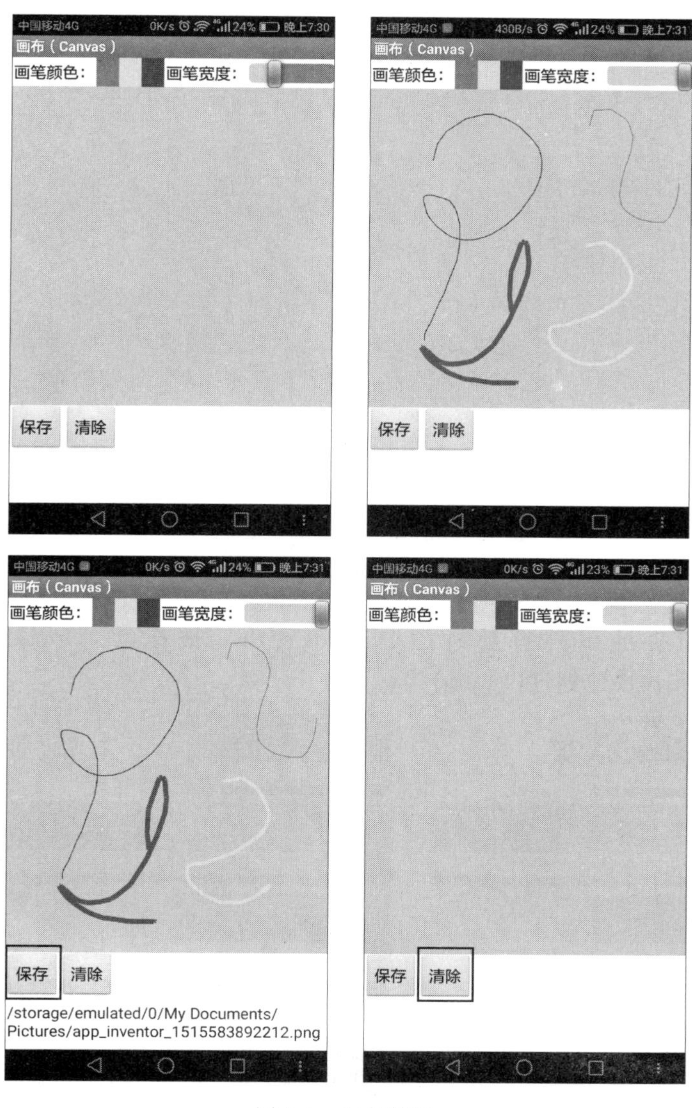

图7-5　运行结果

7.3　图像精灵

图像精灵组件不同于图像组件，它只能放置在画布组件内。图像精灵组件主要用来作为游戏动画的对象。

图像精灵组件的属性面板如图 7-6 所示。

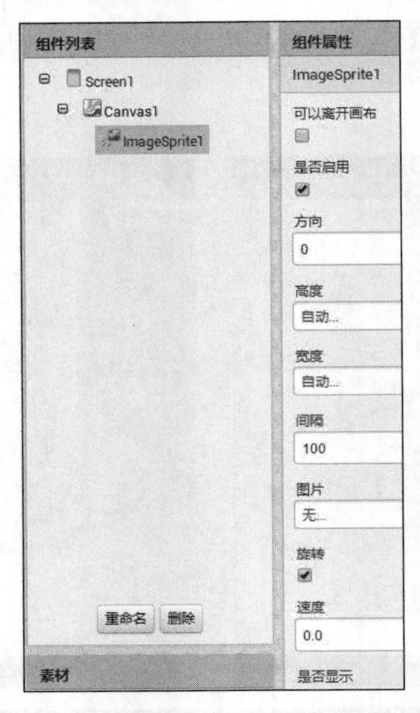

图 7-6　图像精灵组件的属性面板

图像精灵组件的事件有被碰撞(CollideWith)、被拖动(Dragged)、到达边界(EdgeReached)和被快速划过(Flung)等。

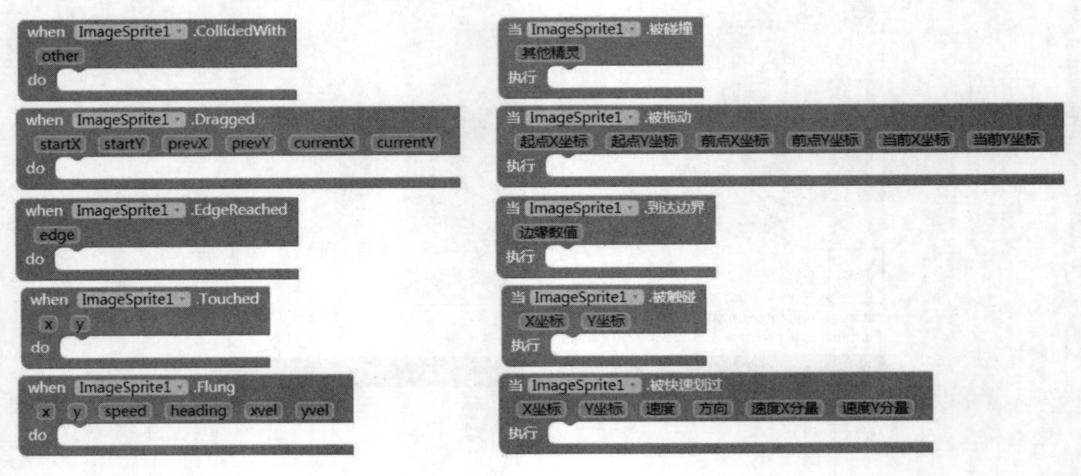

图像精灵组件的方法有反弹(Bounce)、是否碰撞(CollidingWith)、转向指定对象(PointTowards)、转向指定位置(PointInDirection)、移动到指定位置(MoveTo)等。

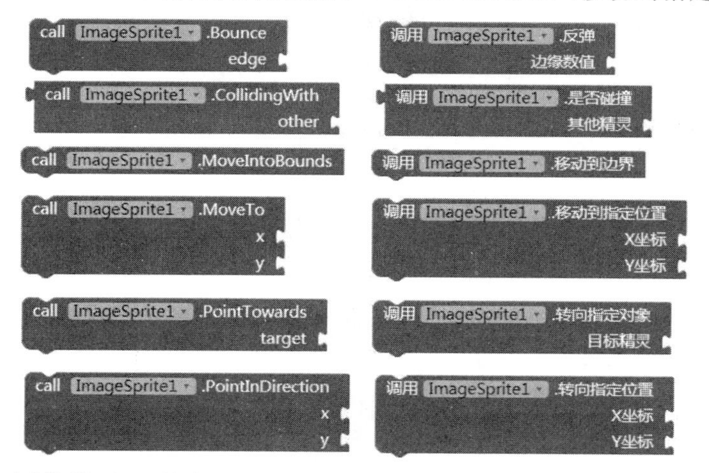

图像精灵组件的属性有方向(Heading)、速度(Speed)、是否显示(Visible)和图片(Picture)等。

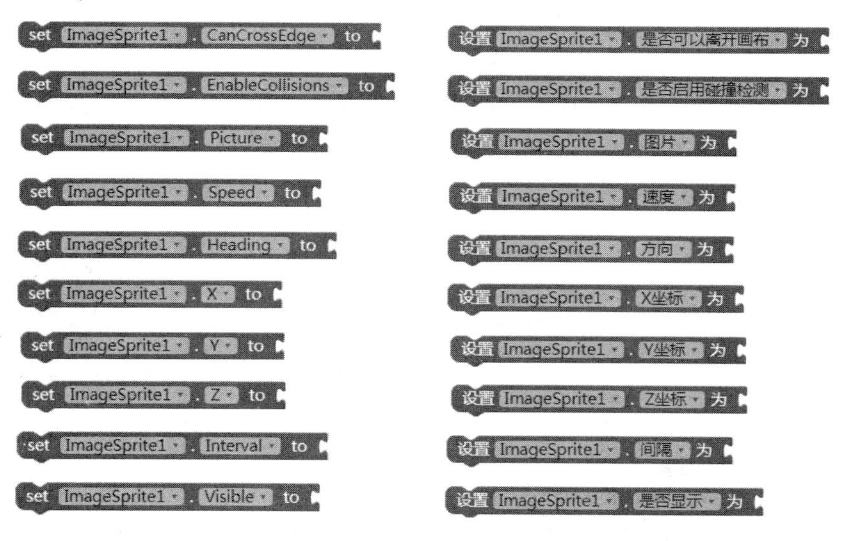

案例 7-2　打地鼠游戏

参考源程序：ImageSprite. aia

【功能描述】

使用画布组件和图像精灵组件设计一个打地鼠游戏 App，要求图像精灵随机移动，并对命中和失败次数进行实时统计。

【组件设计】

(1) 设计画布 Canvas1，在画布上设置一个图像精灵 ImageSprite_Mole。

提示：画布 Canvas1 的高度可根据实际显示需要适当调整大小。

(2) 设计标签 Label_HitCount 和 Label_MissCount，分别用于显示命中和失败的次数。

(3) 设计音效 Sound_yes 和 Sound_no，分别用于播放命中和失败后的声音效果。

(4) 设计计时器 Clock1，用于计时，定时触发图像精灵的运行，在属性面板中勾选"启用计时"和"一直计时"复选框，计时间隔设置为 1000ms，如图 7-7 所示。

图 7-7 计时器 Clock1 的属性设置

(5) 设计按钮 ResetButton，用于重置游戏。

(6) 上传素材 back. png 并将其赋给画布 Canvas1 的"背景图片"属性，上传素材 mole. png 并将其赋给图像精灵 ImageSprite_Mole 的"图片"属性，上传素材 yes. wav 和 no. wav 并将其赋给音效 Sound_yes 和 Sound_no 的"参考源程序"属性。

完成组件设计的界面如图 7-8 所示。

【逻辑设计】

(1) 设计过程 MoveMole，调用图像精灵 ImageSprite_Mole 的 MoveTo 方法，实现图像精灵 ImageSprite_Mole 在画布 Canvas1 内的随机移动。

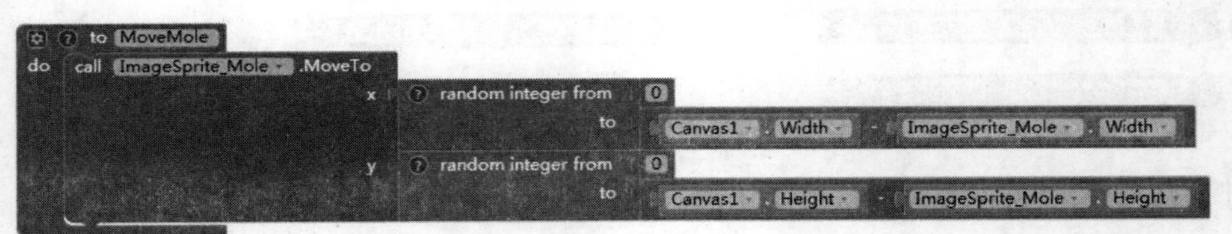

(2) 当屏幕 Screen1 初始化(Initialize)时，图像精灵 ImageSprite_Mole 被触碰(Touched)，计时器 Clock1 触发 Timer 事件时，调用 MoveMole 过程，实现图像精灵 ImageSprite_Mole 的随机移动。

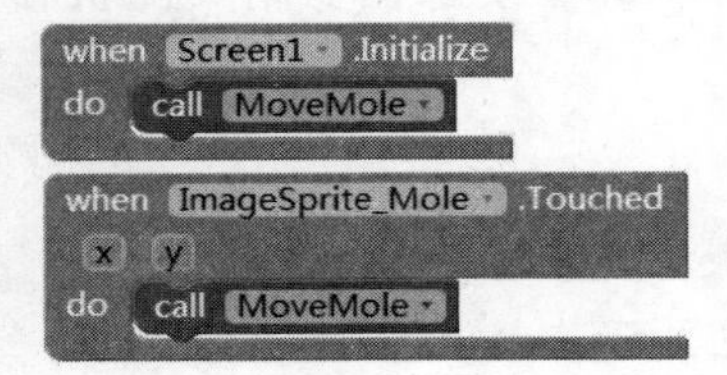

```
when Clock1 .Timer
do  call MoveMole
```

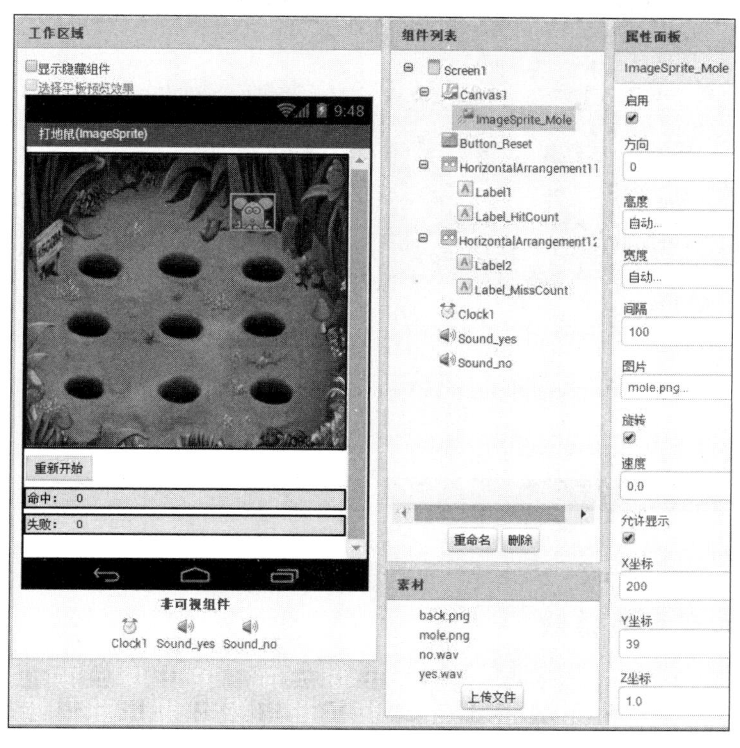

图 7-8　组件设计

（3）当画布 Canvas1 被触碰（Touched）时，如果触碰到任何精灵（touchedAnySprite），那么显示的命中统计数增 1，播放 yes. wav 音效；否则，显示的失败统计数增 1，播放 no. wav 音效。

```
when Canvas1 .Touched
  x  y  touchedAnySprite
do  if  get touchedAnySprite
    then  set Label_HitCount . Text to  Label_HitCount . Text + 1
          call Sound_yes .Play
    else  set Label_MissCount . Text to  Label_MissCount . Text + 1
          call Sound_no .Play
```

（4）点击“重新开始”按钮，清空命中和失败的统计数。

```
when ResetButton .Click
do  set Label_HitCount . Text to 0
    set Label_MissCount . Text to 0
```

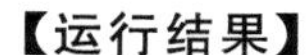

【运行结果】

运行结果如图 7-9 所示。

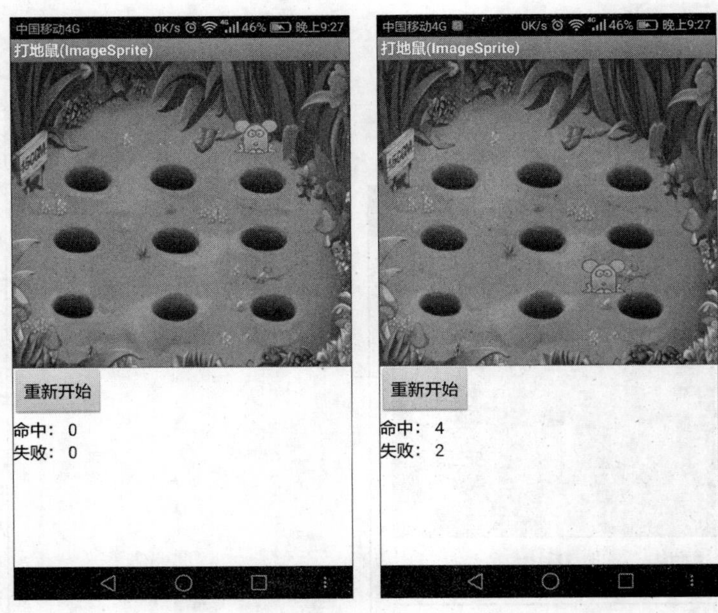

图 7-9　运行结果

案例 7-3　太空大战游戏

参考源程序：Ball_SpaceWar.aia

【功能描述】

使用画布组件、图像精灵组件和球形精灵组件设计一个太空大战游戏 App，飞船可随机水平移动，可水平移动飞弹发射器，点击飞弹发射器可发射飞弹攻击飞船，击中飞船则得分。

【组件设计】

(1) 在画布 Canvas1 上设计两个图像精灵 ImageSprite_UFO 和 ImageSprite_Rocket，分别作为飞船和飞弹发射器；上传素材 space.jpg、Spaceship.png 和 Rocket.png，分别作为画布背景图片、飞船图片和飞弹发射器图片。

(2) 设计一个球形精灵 Ball_Bullet，作为飞弹发射器发射的飞弹。

(3) 设计标签 Label_Score，用于显示分数。

(4) 设计计时器 Clock1，用于定时触发飞船 ImageSprite_UFO 的随机移动，在计时器 Clock1 的属性面板中勾选“启用计时”和“一直计时”复选框，将计时间隔设置为 1000ms。

(5) 设计按钮 Button_Resume，用于触发游戏重置。

完成组件设计的界面如图 7-10 所示。

【逻辑设计】

(1) 屏幕 Screen1 初始化(Initialize)时，设置飞弹不可见(Visible 属性为 false)。

图 7-10　组件设计

```
when Screen1 .Initialize
do  set Ball_Bullet . Visible to false
```

（2）当飞弹发射器 ImageSprite_Rocket 被拖动（Dragged）时，飞弹发射器沿水平方向（X）移动到当前位置（currentX）。

```
when ImageSprite_Rocket .Dragged
 startX  startY  prevX  prevY  currentX  currentY
do  set ImageSprite_Rocket . X to  get currentX
```

（3）当飞弹发射器 ImageSprite_Rocket 被触碰（Touched）时，调用飞弹 Ball_Bullet 的 MoveTo 方法移动到飞弹发射器 ImageSprite_Rocket 的下方显示（Visible）；并开始向上移动，设置速度（Speed）为 30，方向（Heading）为 90。

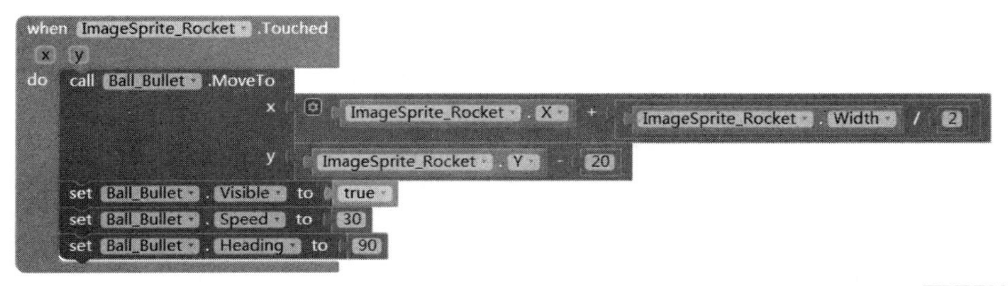

（4）当飞弹 Ball_Bullet 与其他对象（飞船 ImageSprite_UFO）碰撞后，隐藏飞弹 Ball_Bullet；计分增 1；飞船 ImageSprite_UFO 沿水平方向（X）随机移动到画布内的某位置。

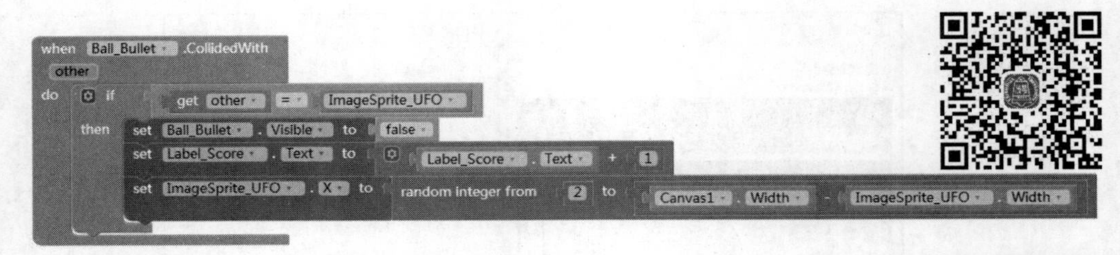

(5) 在计时器 Clock1 的 Timer 事件下，使飞船 ImageSprite_UFO 定时沿水平方向(X)随机移动到画布内的某位置。

(6) 飞弹 Ball_Bullet 触碰画布边界时，隐藏飞弹。

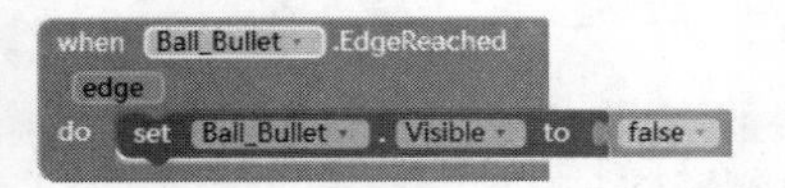

(7) 点击“重新开始”按钮，计分清零。

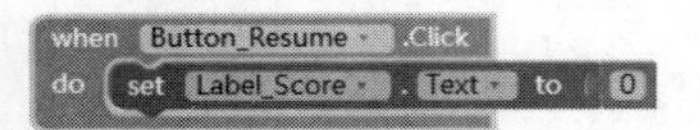

【运行结果】

(1) 程序运行时，飞船沿水平方向随机移动位置。

(2) 左右拖动飞弹发射器，并点击飞弹发射器发射飞弹，飞弹朝上运动。当飞弹碰撞到飞船时，计分增 1，飞弹消失；当飞弹越界时消失。

(3) 点击“重新开始”按钮，分数清零。

运行结果如图 7-11 所示。

图 7-11 运行结果

思考与练习

（1）在案例7-2的打地鼠游戏基础上完成计分设计，初始分为100分。击中加5分；未击中减10分；当分数小于0分时，游戏结束。

（2）在案例7-2的打地鼠游戏基础上，给每只地鼠设置3条命，每条命开始时具有100%生命值。地鼠被击中时，生命值减少；当生命值为0时，结束1条命。

（3）球形精灵与图像精灵有何区别？

第8章

传 感 器

【教学目标】

(1) 了解距离传感器和陀螺仪传感器组件。
(2) 掌握加速度传感器、方向传感器和位置传感器组件。
(3) 熟练应用计时器、NFC和计步器组件。

传感器(Sensor) 模块包括加速度传感器(AccelerometerSensor)、计时器(Clock)、陀螺仪传感器(GyroscopeSensor)、位置传感器(LocationSensor)、NFC、方向传感器(OrientationSensor)、计步器(Pedometer)、距离传感器(ProximitySensor) 8 个组件，如图 8-1 所示。

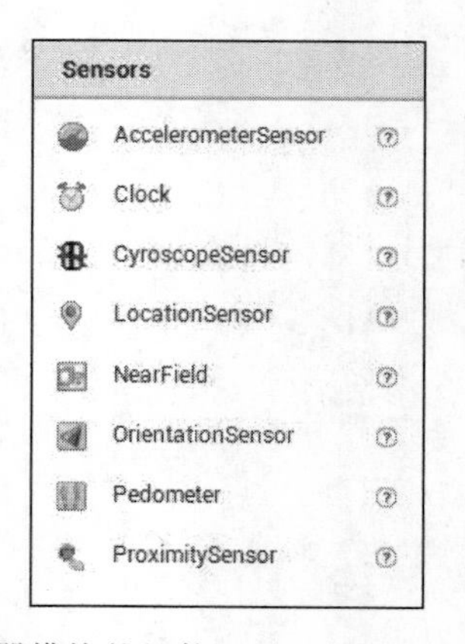

图 8-1　传感器模块的组件

8.1　加速度传感器

加速度传感器为非可视组件，可以侦测设备的摇晃，测量 3 个维度上的加速度近似值，测量值的单位为米/秒^2(m/s^2)，这 3 个加速度分量如下：

(1) x 分量(xAccel)：当手机静置于平面上时，值为 0；当手机向右倾斜(即左侧抬起)

时，其值为正；当手机向左倾斜（即右侧抬起）时，其值为负。

（2）y 分量（yAccel）：当手机静置于平面上时，值为 0；当手机底部抬起时，其值为正；当手机顶部抬起时，其值为负。

（3）z 分量（zAccel）：当手机屏幕向上平行于地面静止时，其值为 −9.8（重力加速度值），单位为米/秒^2（m/s^2）；当手机屏幕垂直于地面时，其值为 0；当屏幕向下时，其值为 +9.8。设备本身运动的加速度会与重力加速度叠加，从而影响该值。

加速度传感器组件的属性面板如图 8-2 所示。

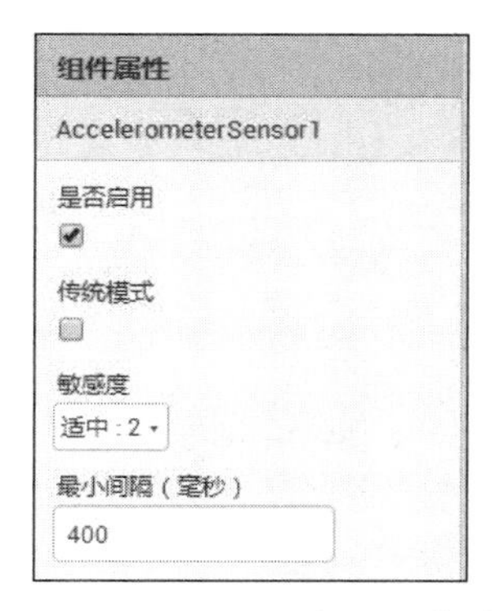

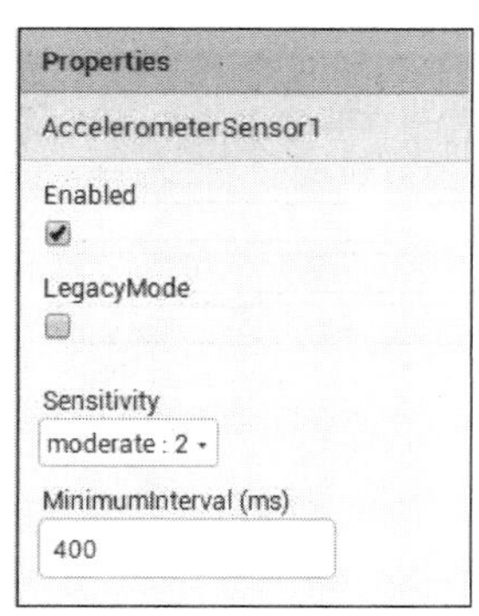

图 8-2　加速度传感器组件的属性面板

加速度传感器组件的主要事件如下：

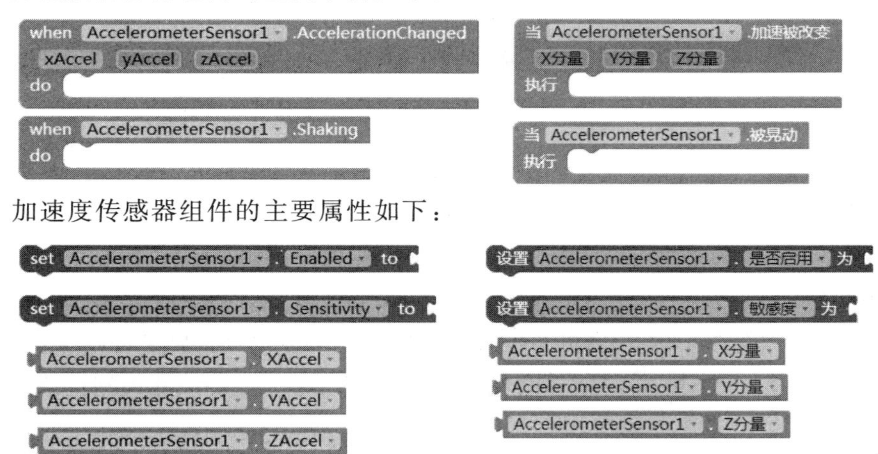

加速度传感器组件的主要属性如下：

set AccelerometerSensor1 . Enabled to　　设置 AccelerometerSensor1 . 是否启用 为

set AccelerometerSensor1 . Sensitivity to　　设置 AccelerometerSensor1 . 敏感度 为

AccelerometerSensor1 . XAccel　　AccelerometerSensor1 . X分量

AccelerometerSensor1 . YAccel　　AccelerometerSensor1 . Y分量

AccelerometerSensor1 . ZAccel　　AccelerometerSensor1 . Z分量

案例 8-1　简易加速度传感器

参考源程序：AccelerometerSensor. aia

【功能描述】

使用加速度传感器组件设计一个 App，显示手机 x、y 和 z 方向的加速度分量；摇晃手机时，手机发声。

【组件设计】

组件设计如图 8-3 所示。

（1）设计标签 Label_xAccel、Label_yAccel 和 Label_zAccel，分别显示 x、y 和 z 方向的加速度分量。

（2）设计加速度传感器 AccelerometerSensor1。

（3）设计音效 Sound1，上传素材 1.wav 并将其赋给“源文件”属性。

图 8-3　组件设计

【逻辑设计】

（1）在加速度传感器 AccelerometerSensor1 的 AccelerationChanged（加速度改变）事件下：获取 xAccel、yAccel 和 zAccel，分别赋给标签 Label_xAccel、Label_yAccel 和 Label_zAccel 并显示。

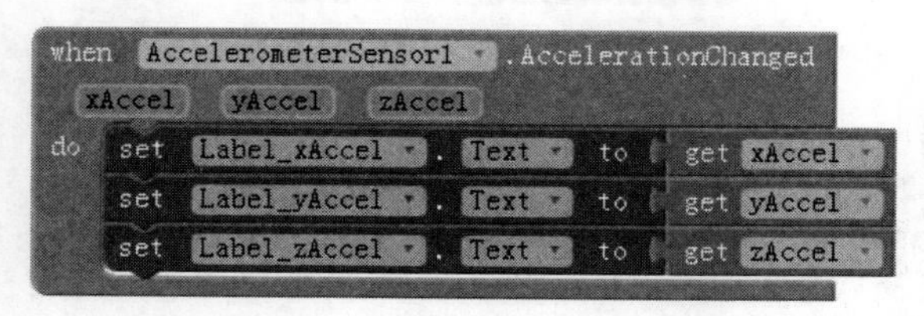

（2）在加速度传感器 AccelerometerSensor1 的 Shaking（摇晃）事件下，调用音效 Sound1 的 Play 方法播放音效。

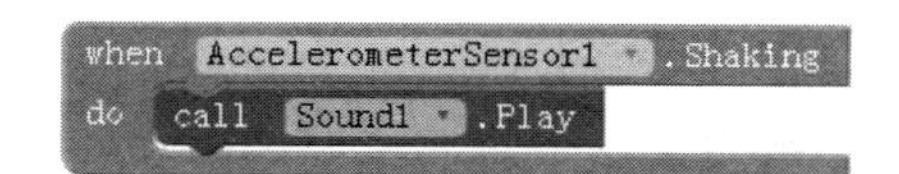

【运行结果】

运行结果如图 8-4 所示。

(1) 分别使手机左右倾斜、顶部或底部抬起、屏幕方向变化，观察 xAccel、yAccel 和 zAccel 数值的变化规律。

(2) 摇晃手机，手机播放音效。

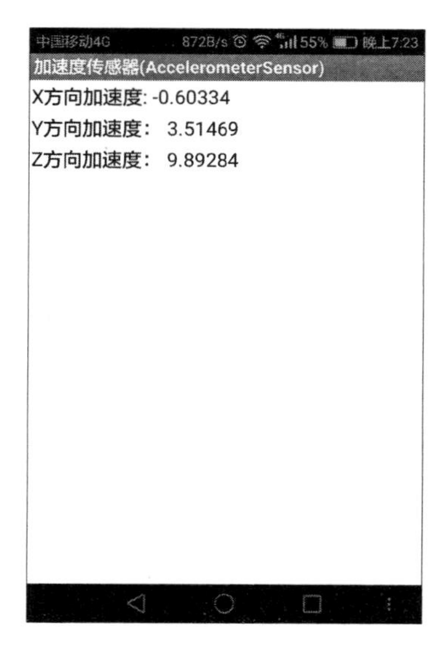

图 8-4　运行结果

8.2　计时器

计时器是可用于创建计时器的非可视组件，以固定的时间间隔发出信号来触发事件。计时器组件的属性面板如图 8-5 所示。

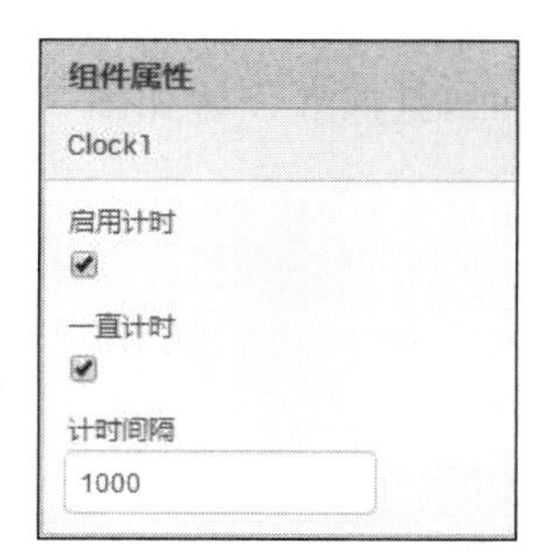

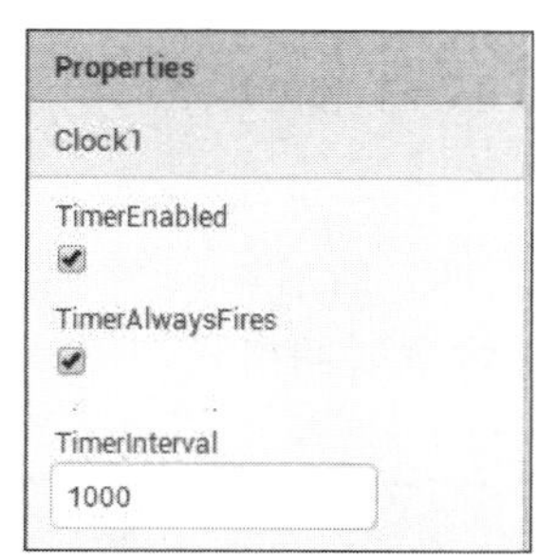

图 8-5　计时器组件的属性面板

计时器组件的事件如下：

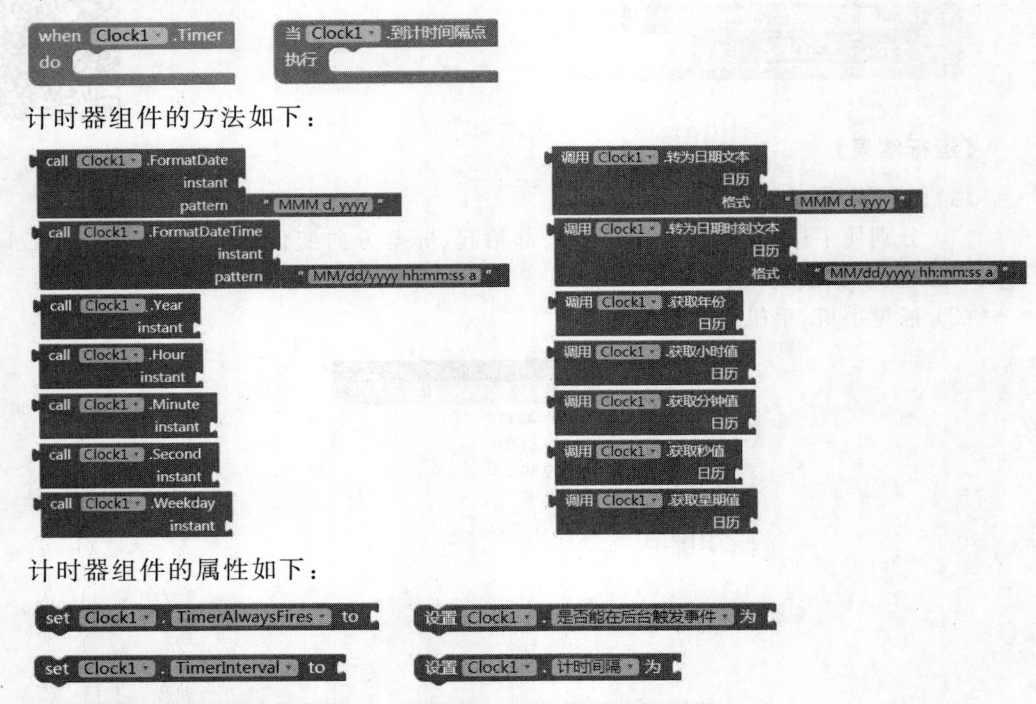

计时器组件的方法如下：

计时器组件的属性如下：

案例 8-2 简易计时器

参考源程序：Clock. aia

【功能描述】

使用计时器组件设计一个简易计时器 App，可以实时显示当前时间，并具有秒表功能。

【组件设计】

组件设计如图 8-6 所示。

(1) 设计标签 Label_Time，用于实时显示当前时间。

(2) 设计标签 Label_timer，用于显示计时器持续时间。

(3) 设计按钮 Button_timer，用于控制秒表的开始和停止。

(4) 设计计时器 Clock1 和 Clock2，用于计时，其属性设置如图 8-7 所示。

【逻辑设计】

(1) 在计时器 Clock1 的 Timer 事件下，调用其 Now 方法获取当前时间，调用 FormatDateTime 方法设置时间格式。

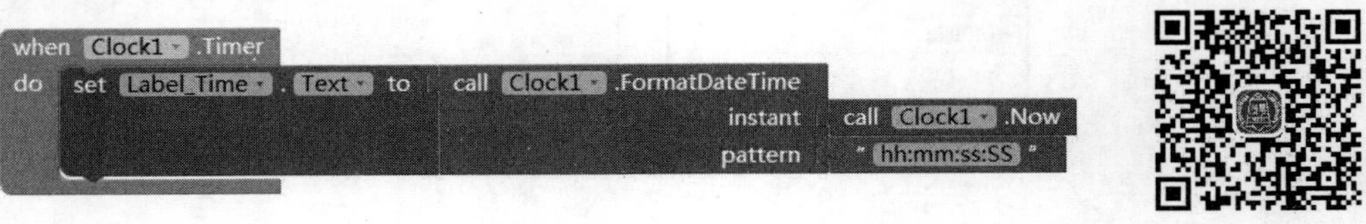

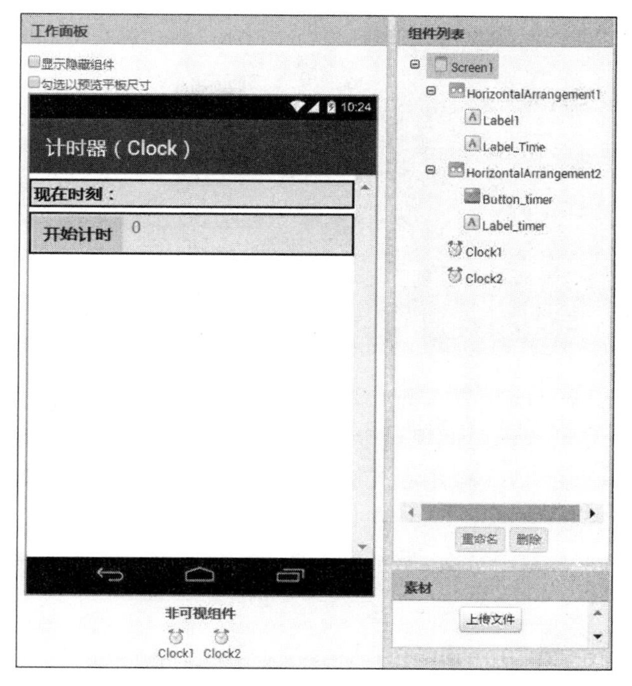

图 8-6　组件设计

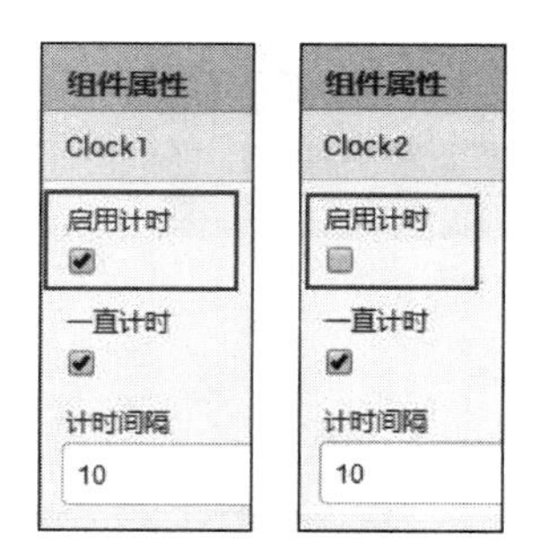

图 8-7　Clock1 和 Clock2 属性设置

(2) 定义全局变量 Pretime、min、sec 和 msec，分别存储秒表的初始时间和持续时间（分、秒、毫秒）；定义全局变量 temp，用来临时存储秒表持续的总时间（毫秒）。

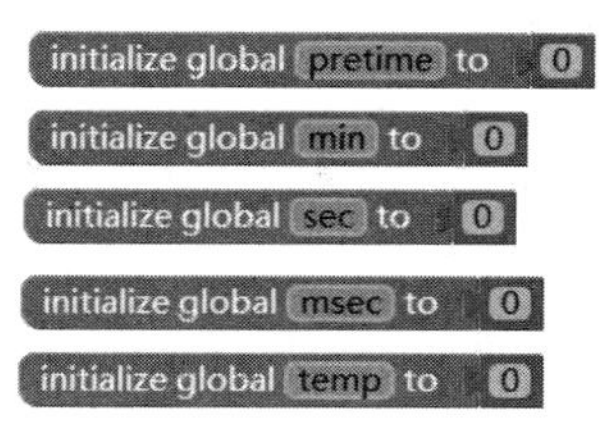

(3) 在计时器 Clock2 的 Timer 事件下，调用其 Duration 方法计算秒表持续时间；通过 quotient（商）和 remainder of（余数）分别将秒表持续总时间（毫秒）分解为分、秒和毫秒，再连接（join）显示。

```
when Clock2 .Timer
do  set global temp to  call Clock2 .Duration
                              start  get global pretime
                              end    call Clock2 .Now
    set global min to  quotient of  get global temp ÷ 60000
    set global sec to  remainder of  quotient of  get global temp ÷ 1000  ÷ 60
    set global msec to  quotient of  remainder of  get global temp ÷ 1000  ÷ 10
    set Label_timer . Text to  join  get global min
                                     " : "
                                     get global sec
                                     " : "
                                     get global msec
```

(4) 在按钮 Button_timer 的 Click 事件下，如果按钮显示为“开始计时”，则调用 Clock1 的 Now 方法将其当前时间赋给变量 pretime 作为秒表的初始时刻，使 Clock2 开始运行(TimerEnabled 为 True)，并将按钮显示为“停止计时”；如果按钮显示为“停止计时”，则使 Clock2 停止运行(TimerEnabled 为 false)，并将按钮显示为“开始计时”。

提示：本案例使用按钮 Button_timer 通过状态切换分别实现开始计时和停止计时两个功能。

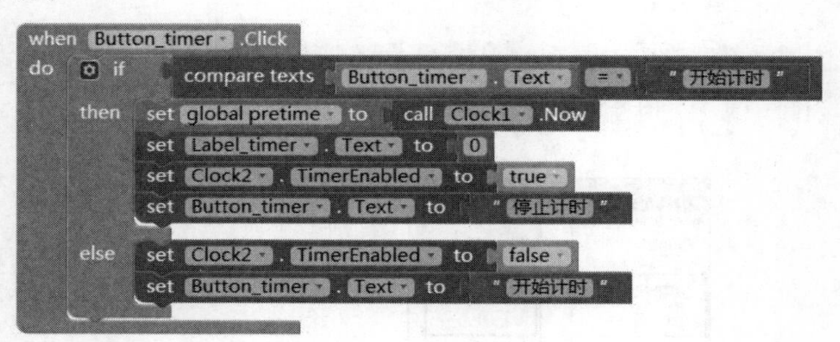

【运行结果】

运行结果如图 8-8 所示。

图 8-8　运行结果

(1) 打开 App，实时显示当前时间（即“现在时刻”）。
(2) 点击“开始计时”按钮，计时开始，按钮文本显示为“停止计时”。
(3) 点击“停止计时”按钮，计时停止，按钮文本显示为“开始计时”。

8.3 陀螺仪传感器

陀螺仪传感器为非可视组件，返回手机在 x、y、z 这 3 个轴向上的角速度（AngularVelocity）。

使用此项功能必须具备两个条件：一是手机上安装了陀螺仪传感器，二是相关组件的启用（Enabled）属性被设为 true。

陀螺仪传感器组件的主要事件如下：

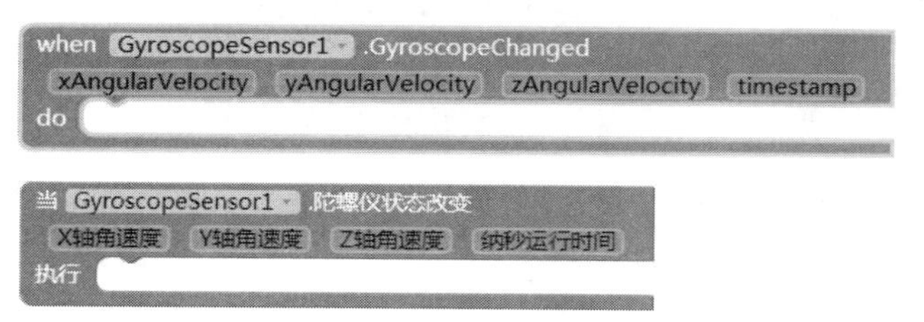

提示：时间戳（timestamp）指示获取陀螺仪读数的时间（纳秒）。

陀螺仪传感器组件的主要属性如下：

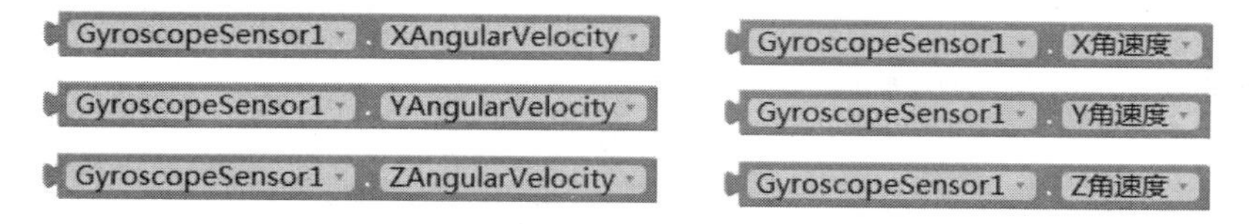

8.4 位置传感器

位置传感器是提供位置信息的非可视组件。它提供的信息包括纬度（latitude）、经度（longitude）、海拔（altitude）和当前地址（CurrentAddress）。

为了实现这些功能，需要在属性面板中勾选“是否启用”（Enabled）复选框，并开启设备 GPS 访问位置信息的权限。

提示：该组件相当于高德地图（Gaode Maps）模块中的高德定位组件。

位置传感器组件的属性面板如图 8-9 所示。

位置传感器组件的主要事件如下：

when LocationSensor1 .LocationChanged
latitude longitude altitude speed
do

when LocationSensor1 .StatusChanged
provider status
do

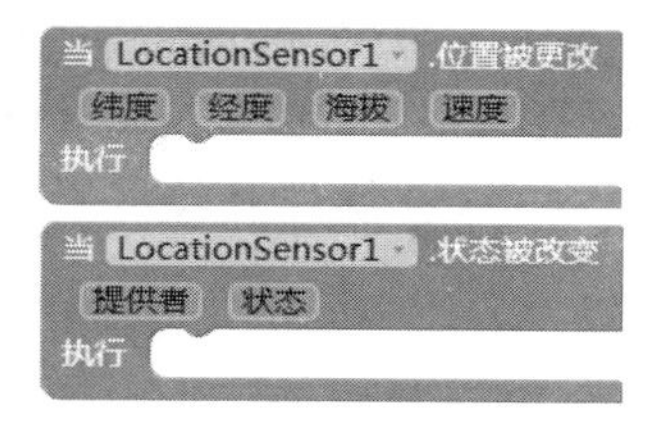

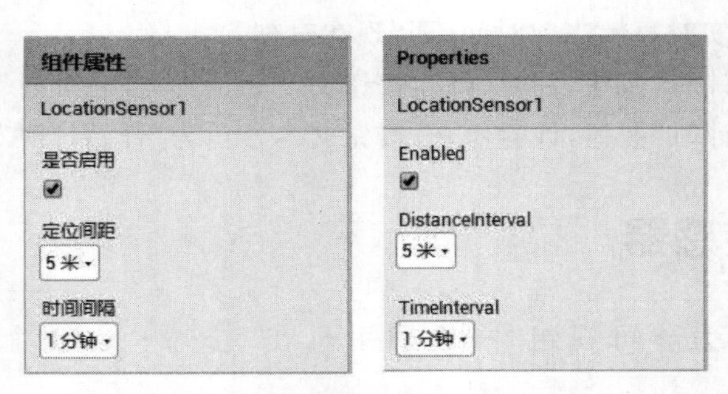

图 8-9 位置传感器组件的属性面板

位置传感器组件的主要方法如下：

位置传感器组件的主要属性如下：

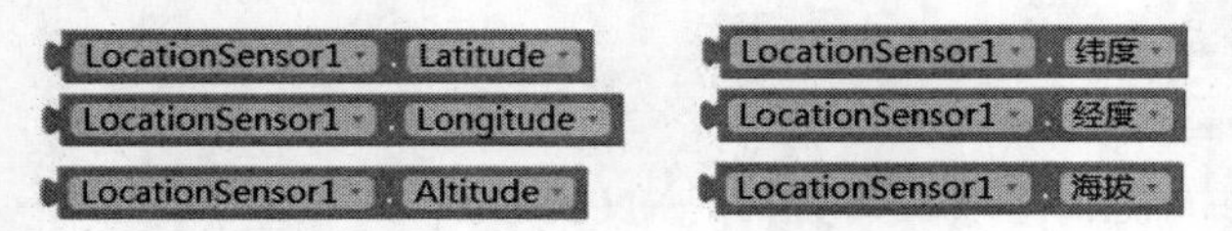

案例 8-3 简易定位仪

参考源程序：LocationSensor. aia

【功能描述】

使用位置传感器组件设计一个 App，显示手机所在位置的纬度、经度、海拔和当前地址。

【组件设计】

组件设计如图 8-10 所示。

(1) 设计标签 Label_latitude、Label_longitude 和 Label_altitude，分别用于显示纬度、经度和海拔。

(2) 设计文本输入框 TextBox_address，用于显示当前地址，设置为可多行显示。

(3) 设计传感器 LocationSensor1，用于获取纬度、经度、海拔和当前地址。

【逻辑设计】

在传感器 LocationSensor1 的 LocationChanged(位置改变)事件下，将获取的纬度(latitude)、经度(longitude)、海拔(altitude)和传感器 LocationSensor1 当前地址(CurrentAddress)分别赋给标签 Label_latitude、Label_longitude、Label_altitude 和文本输入框 TextBox_address 的 Text 属性并显示。

图 8-10　组件设计

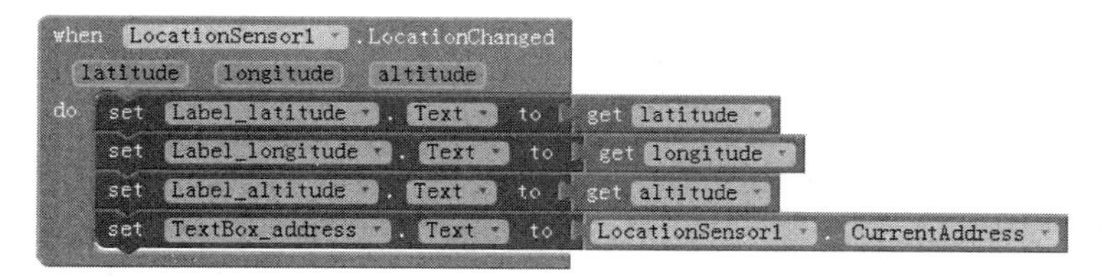

【运行结果】

运行结果如图 8-11 所示。

中国移动4G　0K/s　45%　晚上8:19
位置传感器(LocationSensor)
纬度：
经度：
海拔：
当前地址：

中国移动4G　17B/s　45%　晚上8:19
位置传感器(LocationSensor)
纬度：　39.73481
经度：　116.3251
海拔：　45.40276
当前地址：
北京市大兴区兴华大街辅路
清城南区
北京市大兴区财政局
北京市大兴区审计局
北京农村商业银行(清澄支行)
清城启航双语幼儿园
迪信通(大兴店)
行政服务大厦
京门老爆三(大兴清城店)
梧桐树酒店大兴店
联华超市(北京大兴店)

图 8-11　运行结果

8.5 NFC

NFC 组件是提供近场通信(Near Field Communication)能力的非可视组件,目前该组件只支持文字信息的读写。

NFC 组件的使用需要设备支持,例如电子公交卡。

8.6 方向传感器

方向传感器组件用于确定手机的空间方位,该组件为非可视组件,以角度的方式提供3个方位值:

(1) 方位角(azimuth):当手机顶部指向正北方时,其值为0°;指向正东时为90°;指向正南时为180°;指向正西时为270°。

(2) 倾斜角(pitch):当手机水平放置时,其值为0°;随着手机顶部向下倾斜至竖直时,其值为90°,继续沿相同方向翻转,其值逐渐减小,直到屏幕朝向下方的位置,其值变为0°;同样,当手机底部向下倾斜至竖直时,其值为-90°,继续沿相同方向翻转到屏幕朝上时,其值变为0°。

(3) 翻转角(roll):当手机水平放置时,其值为0°;向左倾斜到竖直位置时,其值为90°;向右倾斜至竖直位置时,其值为-90°。

以上测量的前提是手机处于非移动状态。

方向传感器组件的属性面板只有是否启用(Enabled)属性。

方向传感器组件的唯一事件是 OrientationChanged(方向改变),可获取方位角、倾斜角和翻转角。

方向传感器组件的主要属性如下:

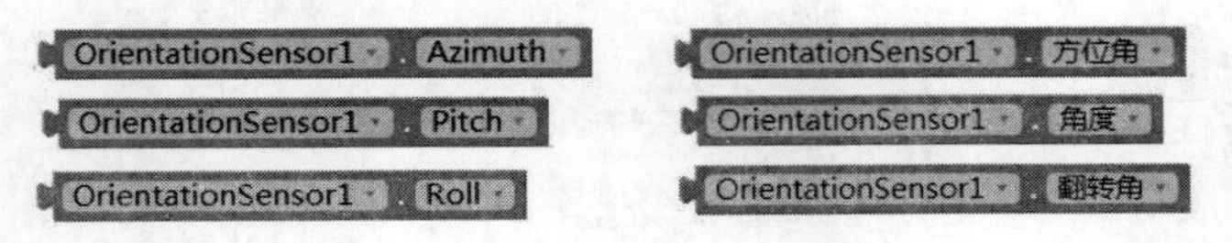

案例 8-4 简易指南针

参考源程序:OrientationSensor_Compass.aia

【功能描述】

使用方向传感器组件设计一个 App,具有指南针功能。

【组件设计】

组件设计如图 8-12 所示。

(1) 设计画布 Canvas1。在画布上创建图像精灵 ImageSprite_Compass，上传图片素材 Compass.jpg 并将其赋给图片(Picture)属性。

提示：图片素材 Compass.jpg 中的标识 N(代表北)默认指向屏幕上方。

(2) 设计方向传感器 OrientationSensor1，并勾选"是否启用"(Enabled)复选框。

图 8-12 组件设计

【逻辑设计】

在方向传感器 OrientationSensor1 的 OrientationChanged(方向改变)事件下，将方位角(azimuth)赋给图像精灵 ImageSprite_Compass 的方向(Heading)属性。

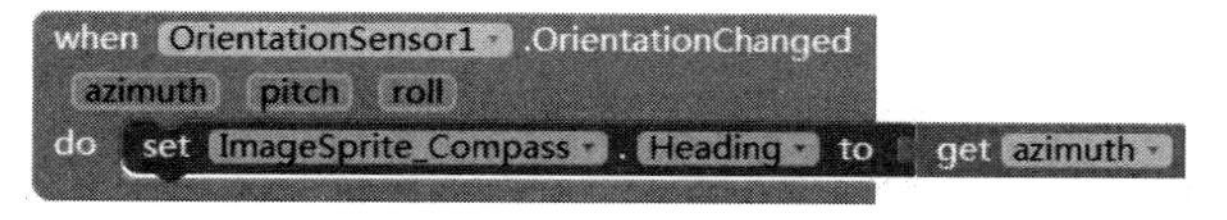

【运行结果】

运行结果如图 8-13 所示。

(1) 平放手机，转动手机屏幕，当手机顶部指向北方时，图片中的标识 N 也指向北方。

(2) 继续转动手机屏幕，当手机顶部指向东方时，图片中的标识 N 还是指向北方。

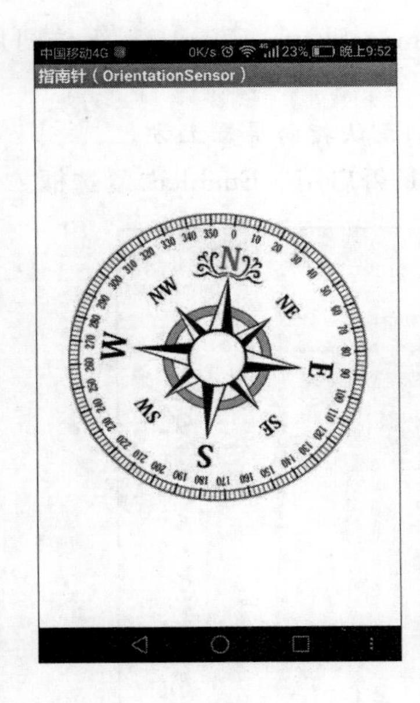

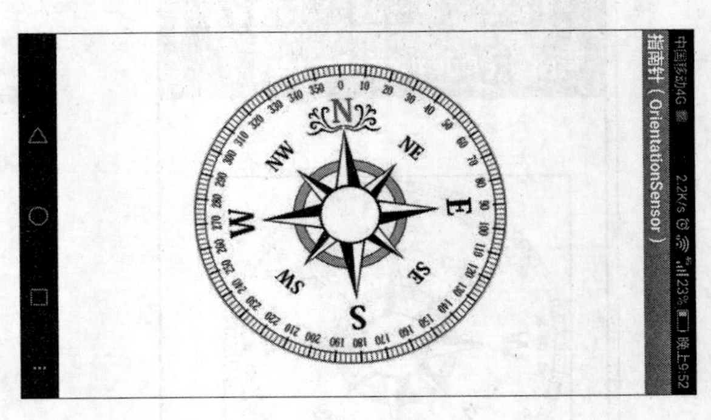

图 8-13　运行结果

8.7　计步器

计步器是用于计算行走步数的组件。

计步器组件的属性面板如图 8-14 所示。

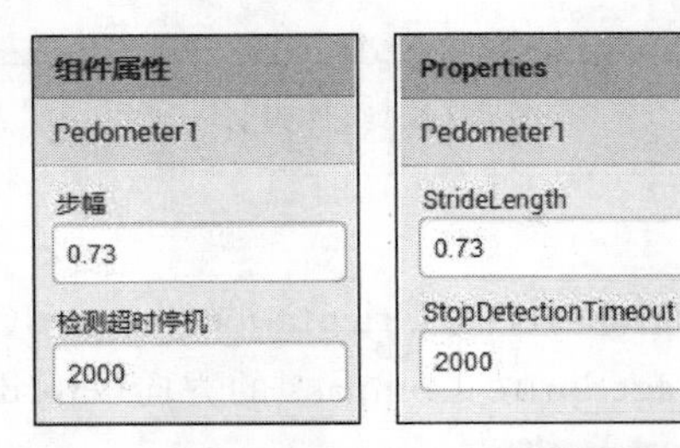

图 8-14　计步器组件的属性面板

计步器组件的主要事件如下：

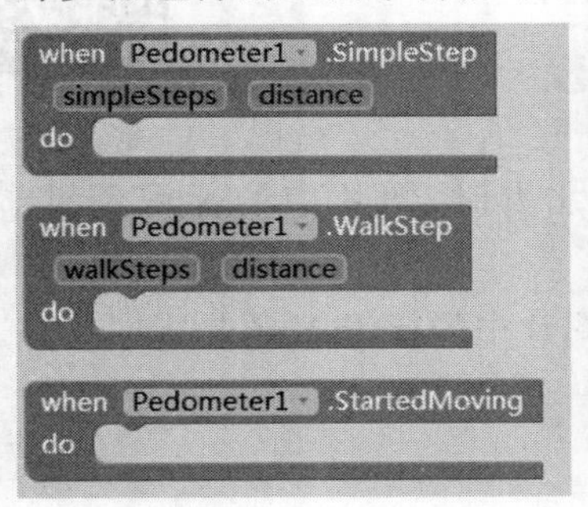

when Pedometer1 .StoppedMoving
do
when Pedometer1 .CalibrationFailed
do
when Pedometer1 .GPSAvailable
do
when Pedometer1 .GPSLost
do

当 Pedometer1 .停止移动
执行
当 Pedometer1 .校准失败
执行
当 Pedometer1 .GPS可用
执行
当 Pedometer1 .GPS不可用
执行

计步器组件的主要方法如下：

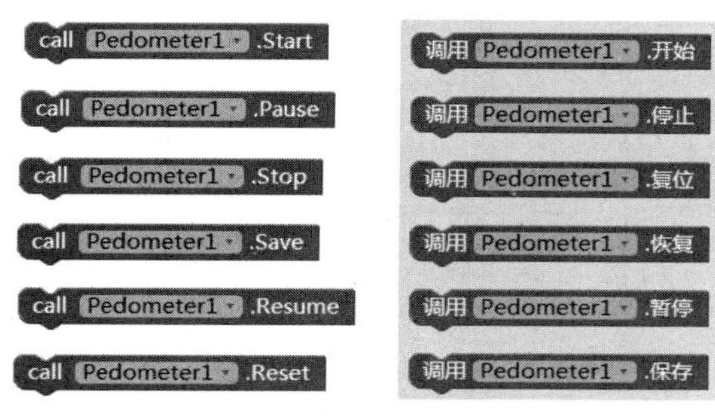

计步器组件的主要属性如下：

Pedometer1 . StrideLength
set Pedometer1 . StrideLength to
Pedometer1 . StopDetectionTimeout
set Pedometer1 . StopDetectionTimeout to
Pedometer1 . Distance
Pedometer1 . ElapsedTime
Pedometer1 . SimpleSteps
Pedometer1 . WalkSteps
Pedometer1

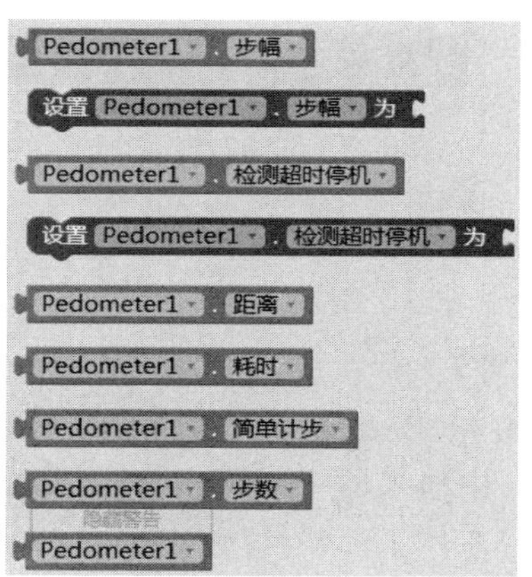

案例 8-5 简易计步器

参考源程序：Pedometer. aia

【功能描述】

使用计步器组件设计一个简易计步器 App，实现累计步数、路程和耗时等功能。

【组件设计】

组件设计如图 8-15 所示。

(1) 设计文本输入框 TextBox_StrideLength，让用户输入步幅(StrideLength)；设计按钮 Button_SetSave，用于保存步幅值。

(2) 设计标签 Label_WalkSteps、Label_Distance 和 Label_time，分别用于显示步数(walkSteps)、路程(distance)和耗时(ElapsedTime)。

(3) 设计按钮 Button_Start 和 Button_Reset，分别用于触发计步的开始或复位。

(4) 设计计时器 Clock1，用于计时，在属性面板中取消勾选“启用计时”复选框。

(5) 设计计步器 Pedometer1，用于实现计步。

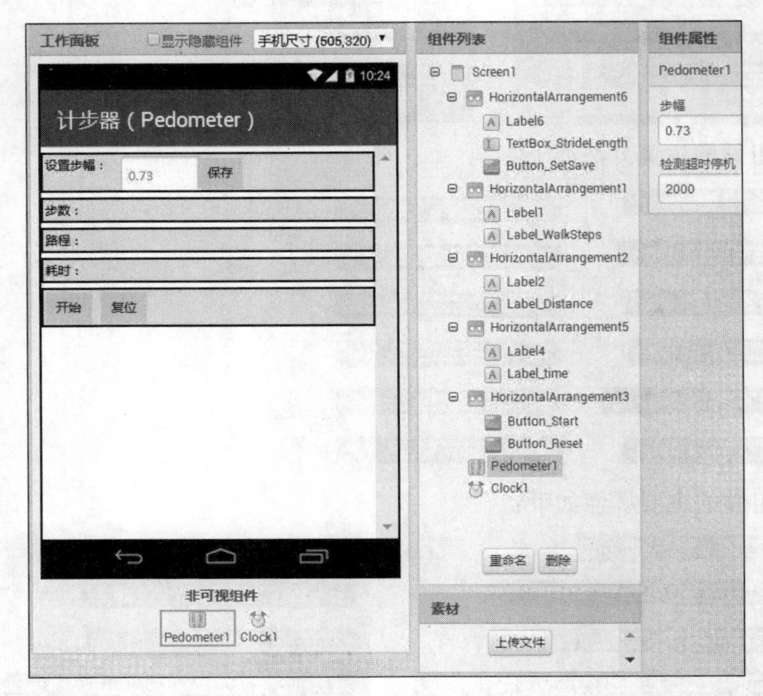

图 8-15 组件设计

【逻辑设计】

(1) 在按钮 Button_SetSave 的 Click 事件下，将用户在文本输入框 TextBox_StrideLength 中输入的 Text 值赋给计步器 Pedometer1 的 StrideLength (步幅)属性。

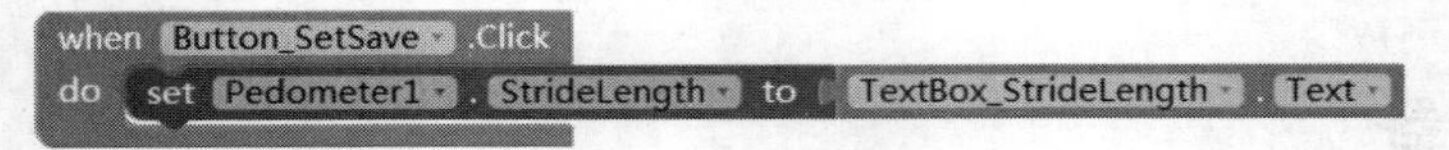

(2) 在计步器 Pedometer1 的 WalkStep 事件下，将获取的 walkSteps(步数)和 distance(路程)分别赋给标签 Label_WalkSteps 和 Label_Distance 的 Text 属性并显示。

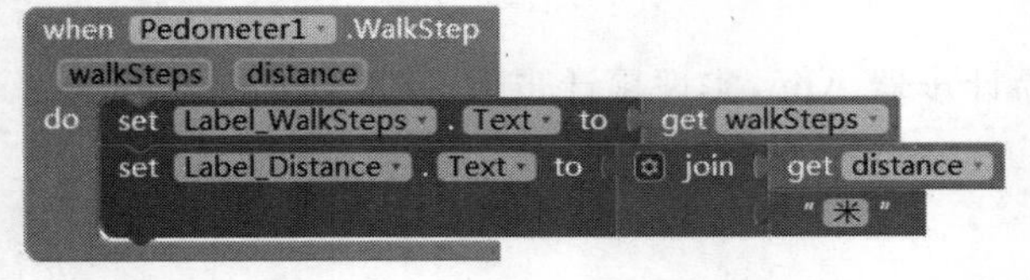

(3) 在按钮 Button_Start 的 Click 事件下，调用计步器 Pedometer1 的 Start 方法开始计步，并使计时器 Clock1 启用计时(TimeEnabled)。

```
when Button_Start .Click
do  call Pedometer1 .Start
    set Clock1 . TimerEnabled to true
```

(4) 在计时器 Clock1 的 Timer 事件下，将计步器 Pedometer1 的 ElapsedTime(耗时)换算为以秒为单位的数值，将其赋给 Label_time 的 Text 属性并显示。

```
when Clock1 .Timer
do  set Label_time . Text to join  quotient of  Pedometer1 . ElapsedTime ÷ 1000
                                   " 秒 "
```

(5) 在按钮 Button_Reset 的 Click 事件下，调用计步器 Pedometer1 的 Reset 方法将其重置；调用计步器 Pedometer1 的 Stop 方法使其停止运行；将标签 Label_WalkSteps 和 Label_Distance 的 Text 属性值清零。

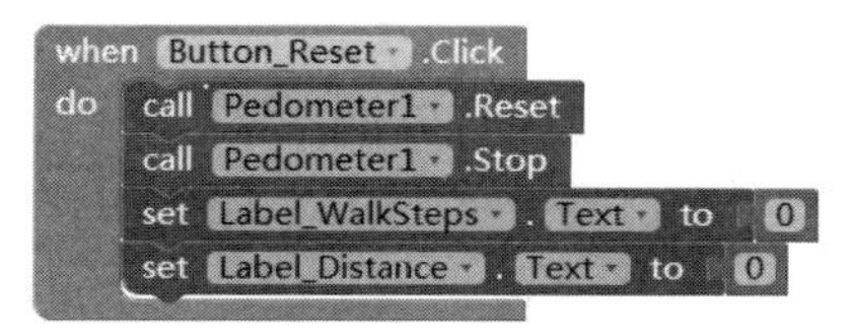

【运行结果】

运行结果如图 8-16 所示。

(1) 在文本输入框中输入步幅值，点击“保存”按钮。

(2) 点击“开始”按钮，开始步行，实时显示步数、路程和耗时。

(3) 点击“复位”按钮，步数、路程和耗时被清零。

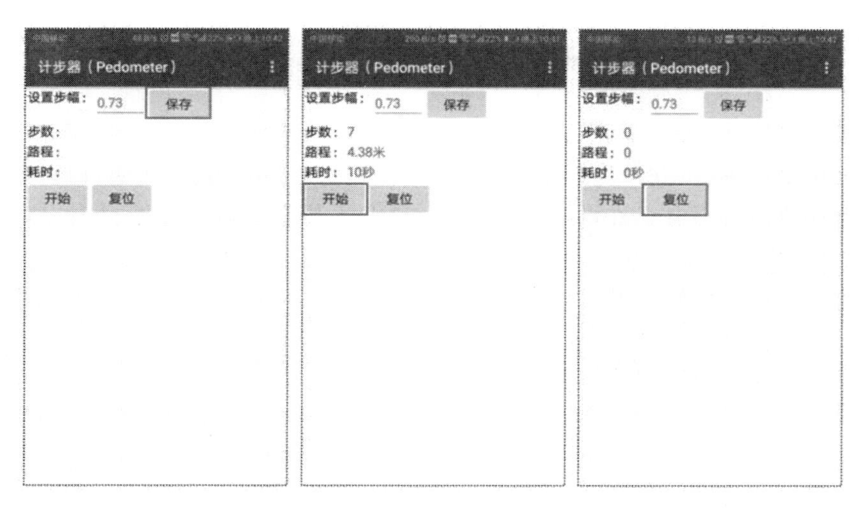

图 8-16 运行结果

8.8 距离传感器

距离传感器是非可视组件，用于检查物体与手机屏幕的距离。例如，距离传感器可用于检测手机是否放到了耳边。有些手机返回以厘米为单位的距离，有些手机只返回远/近状态。

距离传感器组件的属性面板如图 8-17 所示。

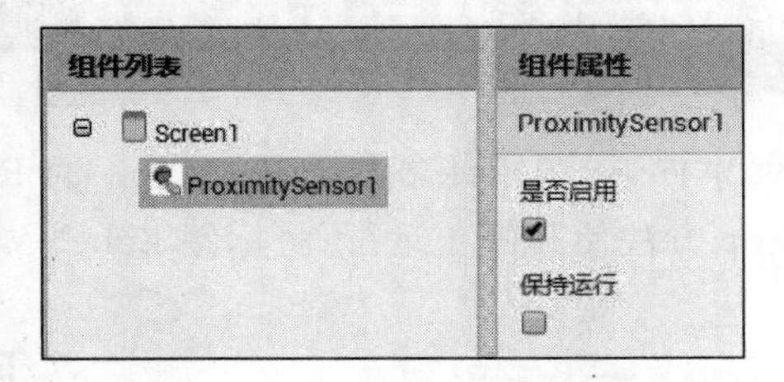

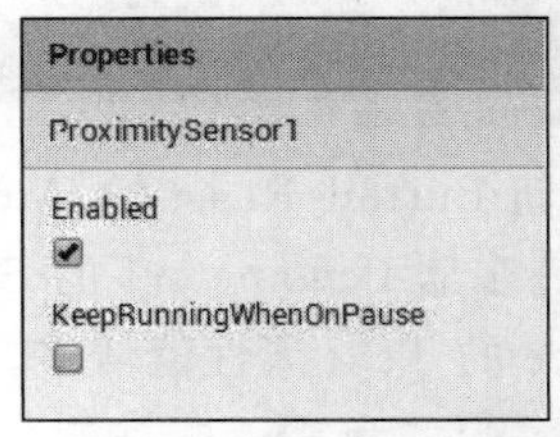

图 8-17 距离传感器组件的属性面板

距离传感器组件的事件如下：

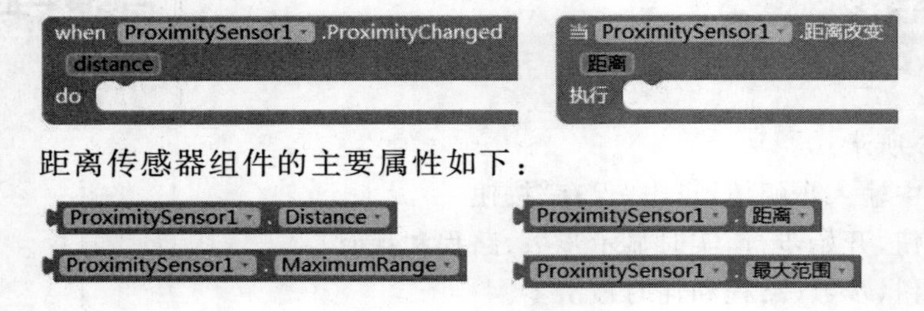

距离传感器组件的主要属性如下：

思考与练习

(1) 案例 8-2 中的简易计时器为何要使用两个计时器？

(2) 加速度传感器、方向传感器、位置传感器和距离传感器这 4 个组件有何不同？

(3) 使用距离传感器组件设计一个 App，检测手机靠近耳朵或离开耳朵时的反应。(参考源程序：ProximitySensor.aia)

(4) 使用陀螺仪传感器组件设计一个简易陀螺仪 App，显示角加速度和时间戳。(参考源程序：GyroscopeSensor.aia)

(5) 计步器组件与加速度传感器组件有何关系？

第9章

社 交 应 用

【教学目标】

(1) 了解邮箱地址选择框和信息分享器组件。

(2) 掌握联系人选择框、电话拨号器、电话号选择框和短信收发器组件。

社交应用(Social)模块包括联系人选择框(ContactPicker)、邮箱地址选择框(EmailPicker)、电话拨号器(PhoneCall)、电话号选择框(PhoneNumberPicker)、信息分享器(Sharing)和短信收发器(Texting)6 个组件,如图 9-1 所示。

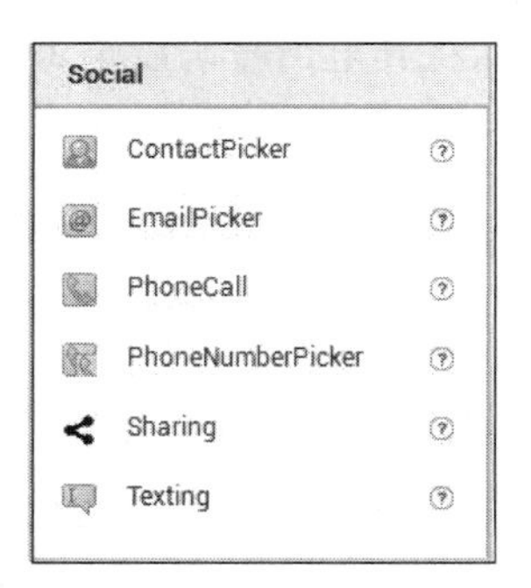

图 9-1 社交应用模块的组件

9.1 联系人选择框

联系人选择框组件是一个按钮,当用户点击该按钮时,将显示联系人列表,选中某个联系人,将显示该联系人的姓名、Email、电话号码和照片等信息。

联系人选择框组件的主要事件如下:

联系人选择框组件的主要方法如下:

联系人选择框组件的主要属性如下：

9.2 邮箱地址选择框

邮箱地址选择框组件是一个文本框，当用户输入联系人的姓名或 Email 地址时，邮箱地址选择框将显示一个下拉列表，用户通过选择来完成 Email 地址的输入。如果有许多联系人，列表的显示会耽搁几秒钟，并在给出最终结果前显示中间结果。

文本框内的初始内容以及用户输入的内容都将保存在组件的文本属性中。如果初始值为空，则文本框内将显示浅色的提示信息，提醒用户输入信息。

邮箱地址选择框通常与按钮配合使用，通过用户点击按钮完成输入。

9.3 电话拨号器

电话拨号器是用来拨号并接通电话的组件。

该组件是一个非可视组件，通常配合联系人选择框组件使用。用户从手机的联系人列表中选取联系人时，将其电话号码设定为本组件的电话号码属性。

电话拨号器组件的主要事件如下：

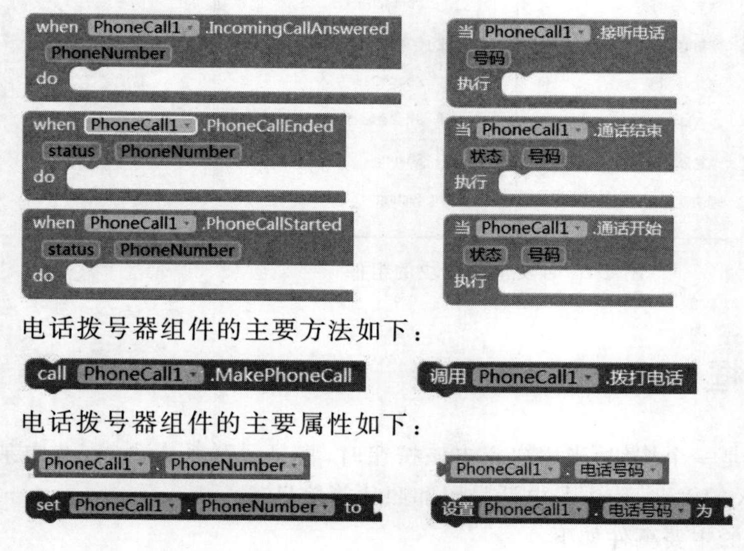

电话拨号器组件的主要方法如下：

电话拨号器组件的主要属性如下：

9.4 电话号选择框

电话号选择框组件是一个按钮，当用户点击该按钮时，将显示手机中的联系人列表，选中某个联系人后，联系人的相关信息被保存到姓名和电话号码等属性中。

电话号选择框组件的主要事件如下：

电话号选择框组件的主要方法如下：

电话号选择框组件的主要属性如下：

案例 9-1　简易电话拨号器

参考源程序：PhoneCall. aia

【功能描述】

使用联系人选择框、电话号选择框和电话拨号器组件设计一个 App。可输入电话号码打电话，可利用联系人选择框或电话号选择框打电话。

【组件设计】

组件设计如图 9-2 所示。

(1) 设计文本输入框 TextBox_PhoneNumber，用于输入电话号码。

图 9-2　组件设计

(2) 设计按钮 Button_PhoneCall，用于调用电话拨号器 PhoneCall1 打电话。

(3) 设计联系人选择框 ContactPicker1 和电话号选择框 PhoneNumberPicker1，分别用于打开联系人和电话号码打电话。

(4) 设计标签 Label_PhoneNumber 和 Label_Status，分别用于显示电话号码和打电话状态。

(5) 设计电话拨号器 PhoneCall1，用于打电话。

【逻辑设计】

(1) 在按钮 Button_PhoneCall 的 Click 事件下：

① 将文本输入框 TextBox_PhoneNumber 中输入的电话号码赋给电话拨号器 PhoneCall1 的 PhoneNumber(电话号码)属性。

② 调用电话拨号器 PhoneCall1 的 MakePhoneCall(拨打电话)方法打电话。

③ 将文本输入框 TextBox_PhoneNumber 中输入的电话号码清空。

```
when Button_PhoneCall .Click
do  set PhoneCall1 . PhoneNumber to TextBox_PhoneNumber . Text
    call PhoneCall1 .MakePhoneCall
    set TextBox_PhoneNumber . Text to " "
```

(2) 在联系人选择框 ContactPicker1 和电话号选择框 PhoneNumberPicker1 的 AfterPicking(完成选择)事件下：

① 将 PhoneNumber(电话号码)属性赋给电话拨号器 PhoneCall1 的 PhoneNumber(电话号码)属性。

② 调用电话拨号器 PhoneCall1 的 MakePhoneCall(拨打电话)方法打电话。

```
when ContactPicker1 .AfterPicking
do  set PhoneCall1 . PhoneNumber to ContactPicker1 . PhoneNumber
    call PhoneCall1 .MakePhoneCall

when PhoneNumberPicker1 .AfterPicking
do  set PhoneCall1 . PhoneNumber to PhoneNumberPicker1 . PhoneNumber
    call PhoneCall1 .MakePhoneCall
```

(3) 在电话拨号器 PhoneCall1 的 PhoneCallEnded(通话结束)事件下：

① 获取 status(状态)，根据其值判断电话拨打状态，并显示在标签 Label_Status 上。

② 获取 PhoneNumber(电话号码)显示在标签 Label_PhoneNumber 上。

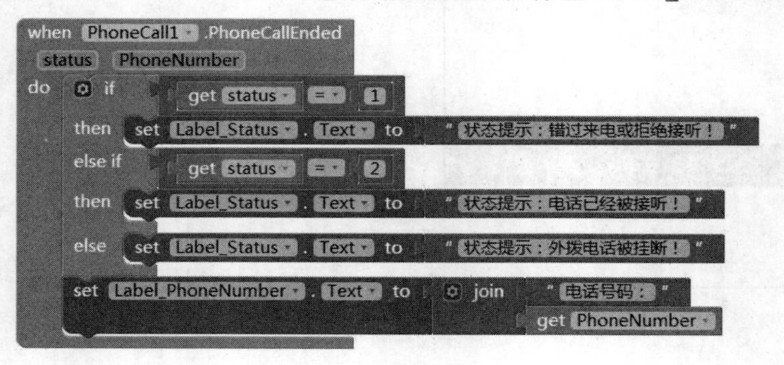

【运行结果】

(1) 在文本输入框中输入电话号码(例如,10086),点击“打电话”按钮,拨通电话,然后立即取消,屏幕下方显示电话号码和状态提示信息,如图9-3所示。

(2) 分别点击“联系人”和“电话本”按钮打开联系人和电话号码列表,选择电话号码开始拨打电话,屏幕下方显示电话号码和状态提示信息。

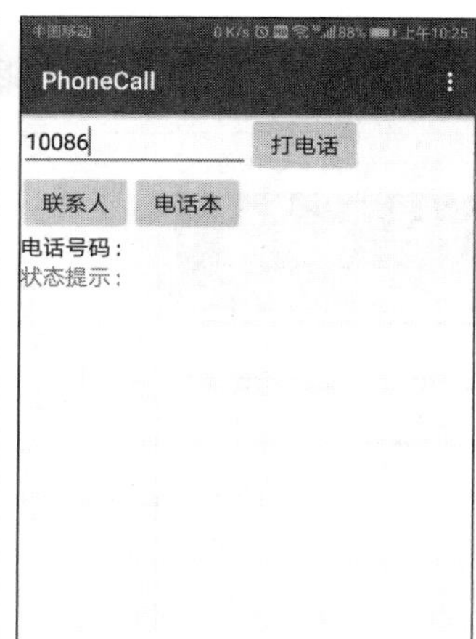

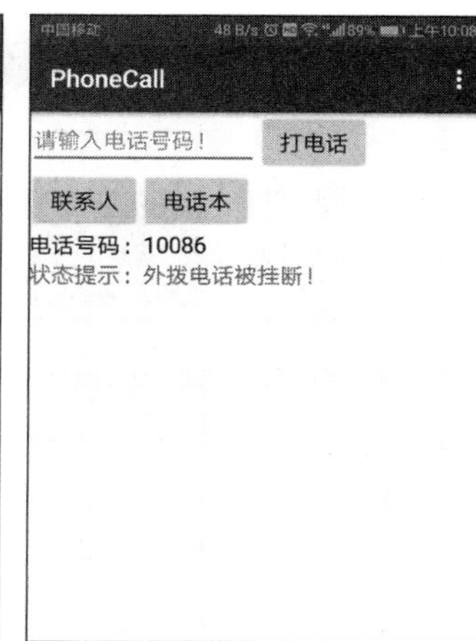

图9-3 运行结果

9.5 信息分享器

信息分享器组件为非可视组件,用于在手机上不同应用之间分享文件或消息。该组件将显示能够处理相关信息的应用列表,并允许用户从中选择一个应用来分享相关内容。例如,在邮件类、社交网络类及短信类应用中分享某些信息。

信息分享器组件的方法如下:

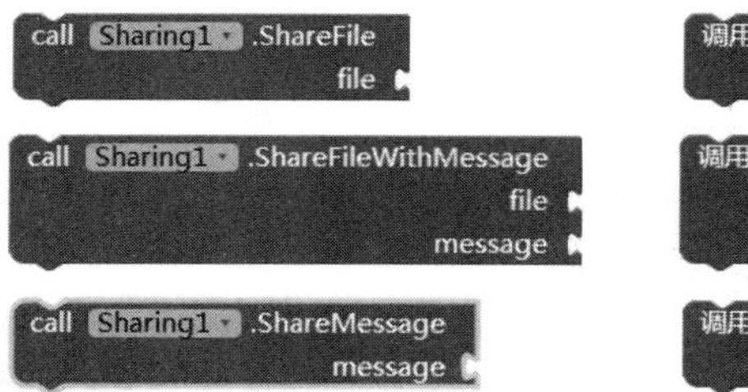

案例9-2 简易信息分享器

参考源程序:Sharing.aia

【功能描述】

使用信息分享器组件设计一个App,可以分享信息、图像等内容到微信、QQ、微博等应用。

【组件设计】

组件设计如图 9-4 所示。

(1) 设计文本输入框 TextBox_Message，用于输入分享信息；设计按钮 Button_Sharing，点击按钮时，调用信息分享器分享信息。

(2) 设计图像选择框 ImagePicker_Sharing，可选择手机中存储的图像，然后调用信息分享器分享图像。

(3) 设计信息分享器 Sharing1，用于实现分享信息功能。

图 9-4　组件设计

【逻辑设计】

(1) 在按钮 Button_Sharing 的 Click 事件下：

① 调用信息分享器 Sharing1 的 ShareMessage 方法，将文本输入框 TextBox_Message 的 Text 属性值作为 message(信息)分享到其他程序。

② 将文本输入框 TextBox_Message 的 Text 属性值清空。

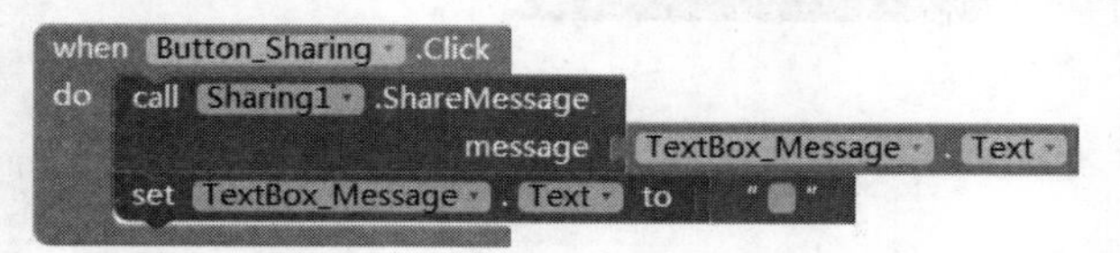

(2) 在图像选择框 ImagePicker_Sharing 的 AfterPicking(完成选择)事件下，调用信息分享器 Sharing1 的 ShareFile(分享文件)方法，将图像选择框 ImagePicker_Sharing 的 selection(选项)属性值赋给信息分享器 Sharing1 的 file(文件)属性，分享到其他程序。

```
when ImagePicker_Sharing .AfterPicking
do  call Sharing1 .ShareFile
                  file  ImagePicker_Sharing . Selection
```

【运行结果】

(1) 在文本输入框中输入分享信息"测试一下!"后,点击"分享信息"按钮,弹出可分享的所有应用列表;选择微信,再选择微信好友,点击"分享"按钮,立即将信息分享给指定的微信好友,如图 9-5 所示。

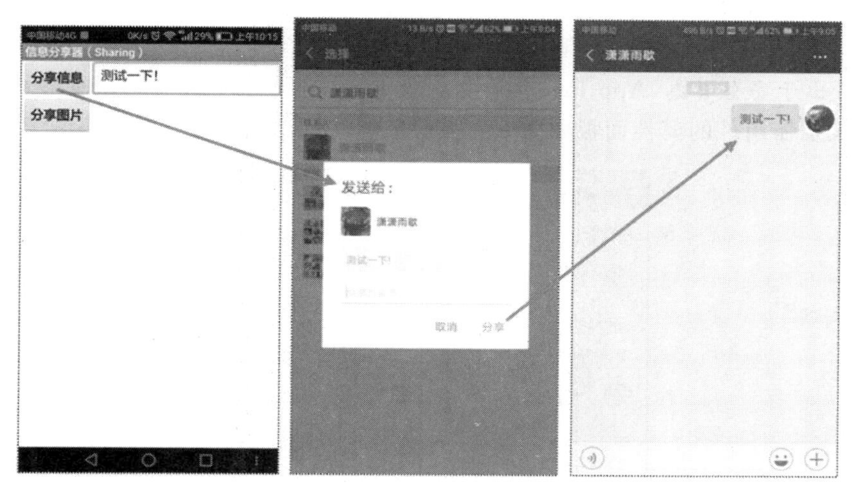

图 9-5　分享信息给指定的微信好友

(2) 点击图像选择框"分享图片",打开并选择手机中存储的图片,弹出可分享的所有应用列表,选择 QQ,再选择 QQ 好友,点击"发送"按钮,立即将图片分享给指定的 QQ 好友,如图 9-6 所示。

图 9-6　分享图片给指定的 QQ 好友

9.6 短信收发器

短信收发器是用于发送短信的组件，其短信内容(messageText)属性用于设定即将发送的短信的内容，电话号码(number)属性用于设定接收短信的电话号码，发送短信(SendMessage)方法用于将设定好的短信(Message)发往指定的电话号码(PhoneNumber)。

当收到短信时，MessageReceived 事件被触发，并提供发送者号码(number)及短信内容(messageText)。

提示：出于安全考虑，App Inventor 有些版本不提供短信收发器的收发短信功能。

短信收发器组件的属性面板如图 9-7 所示。

图 9-7 短信收发器组件的属性面板

短信收发器组件的主要事件如下：

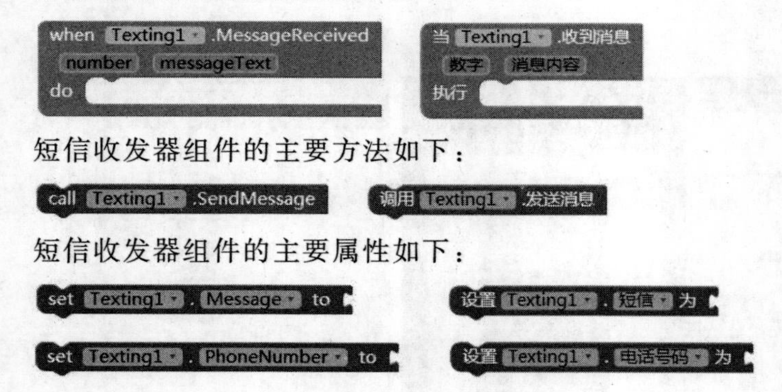

短信收发器组件的主要方法如下：

短信收发器组件的主要属性如下：

案例 9-3 简易短信收发器

参考源程序：Texting. aia

【功能描述】

使用短信收发器组件设计一个 App，当手机收到短信时，可自动回复短信；可自定义短信内容；可显示来电号码和来电信息。

【组件设计】

组件设计如图 9-8 所示。

(1) 设计文本输入框 TextBox_InputMessage，用于自定义短信内容；设计按钮 Button_Save，用于保存自定义短信内容。

(2) 设计标签 Label_Message，用于显示发送的短信内容。

(3) 设计标签 Label_PhoneNumber 和 Label_MessageReceived，分别用于显示发来短信的电话号码和短信内容。

(4) 设计短信收发器 Texting1，用于实现短信收发功能。

图 9-8　组件设计

【逻辑设计】

(1) 在按钮 Button_Save 的 Click 事件下：

① 将文本输入框 TextBox_InputMessage 的 Text 属性赋给标签 Label_Message 的 Text 属性并显示。

② 清空文本输入框 TextBox_InputMessage。

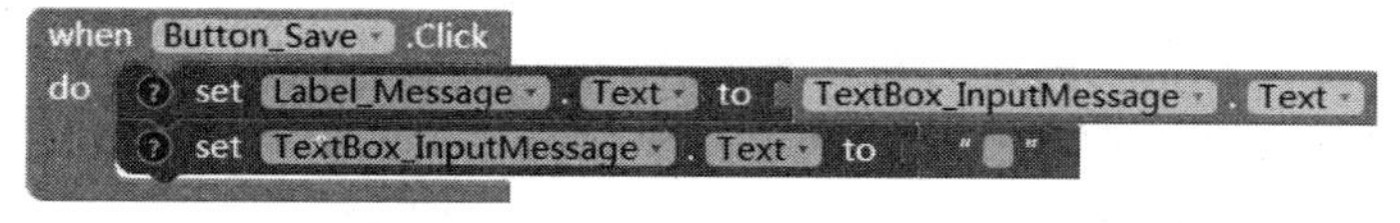

(2) 在短信收发器 Texting1 的 MessageReceived(完成短信接收)事件下：

① 将获取的 number(电话号码)和 messageText(短信内容)分别赋给标签 Label_PhoneNumber 和 Label_MessageReceived 的 Text 属性并显示。

② 将标签 Label_Message 的 Text 属性赋给短信收发器 Texting1 的 Message 属性，作为发送的短信内容。

③ 将获取的 number(电话号码)赋给短信收发器 Texting1 的 PhoneNumber 属性。

④ 调用短信收发器 Texting1 的 SendMessage 方法发送短信。

```
when Texting1 .MessageReceived
  number  messageText
do  set Label_PhoneNumber . Text to  get number
    set Label_MessageReceived . Text to  get messageText
    set Texting1 . Message to  Label_Message . Text
    set Texting1 . PhoneNumber to  get number
    call Texting1 .SendMessage
```

【运行结果】

运行结果如图 9-9 所示。

(1) 在文本输入框中输入自定义短信内容："我正在开车，稍后与您联系。"点击"保存"按钮，短信内容显示在"短信内容："右方。

(2) 当手机接收到某手机发送的短信"您好！😊"时，屏幕下方显示该手机的号码和短信内容，并自动给对方手机发送短信："我正在开车，稍后与您联系。"

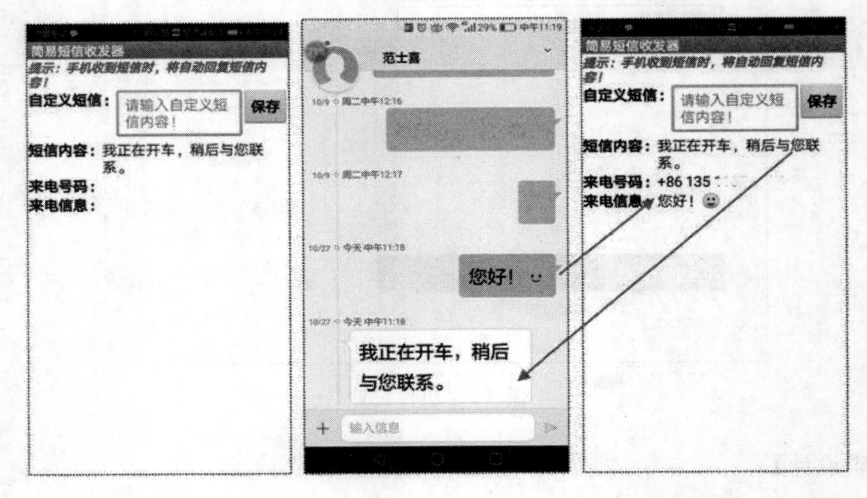

图 9-9 运行结果

思考与练习

(1) 通过联系人选择框组件和电话号选择框组件打电话有何区别？

(2) 使用短信收发器组件设计一个简单的短信聊天程序。

(3) 调用手机拍照，使用信息分享器组件将照片发布到微信朋友圈。

第10章

数 据 存 储

【教学目标】

(1) 了解 FTP 客户端和 Redis 客户端组件。
(2) 掌握网络微数据库组件。
(3) 熟练应用文件管理器和微数据库组件。

数据存储(Storage)模块包括文件管理器(File)、FTP 客户端(FTP Client)、微数据库(TinyDB)、网络微数据库(TinyWebDB)和 Redis 客户端(RedisClient)5 个组件，如图 10-1 所示。

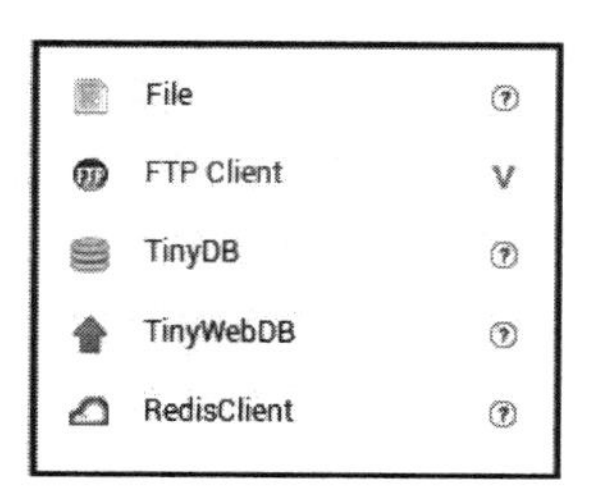

图 10-1 数据存储模块的组件

10.1 文件管理器

文件管理器是用于保存及读取文件的非可视组件，可以在手机上实现文件的读写。默认情况下，会将文件写入与应用有关的私有数据目录中。在“AI 伴侣”中，为了便于调试，将文件写在/sdcard/AppInventor/data 目录内。如果文件的路径为/，则文件的位置是相对于/sdcard 而言的。例如，将文件写入/myFile. txt，就是将文件写入/sdcard/myFile. txt。

文件管理器组件的主要事件如下：

文件管理器组件的主要方法如下：

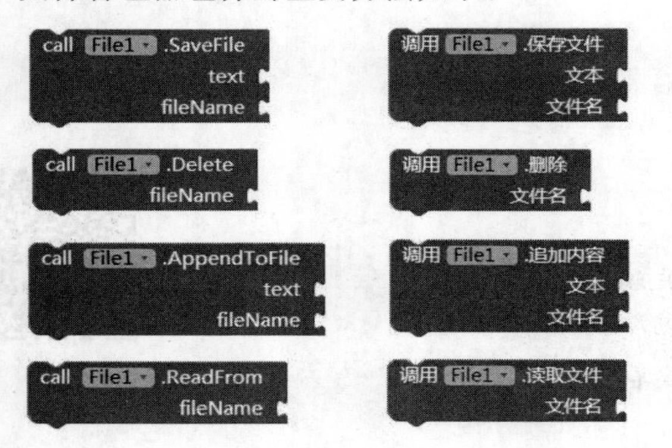

案例 10-1　简易记事本

参考源程序：File. aia

【功能描述】

使用文件管理器组件设计一个 App 简易记事本，具有保存文件、添加内容、读取文件、清除文本输入框中的内容和删除文件等功能。

【组件设计】

组件设计如图 10-2 所示。

(1) 设计文本输入框 TextBox_FileTxt，供用户输入文本信息。在其属性面板中勾选"允许多行"复选框，将宽度设置为"充满"，将高度设置为 70%。

(2) 设计文本输入框 TextBox_FileName，用于设置保存文本的文件名称(fileName)，其 Text 属性初始值设置为/NotePad. txt。

(3) 设计按钮 Button_SaveFile、Button_AppendToFile、Button_ReadFile、Button_ClearText 和 Button_DeleteFile，分别用于实现文本输入框内容的保存、向文件添加文本内容、文件内容的读取、文本输入框内容的清除和文件的删除操作。

(4) 设计文件管理器 File1，用于实现对文件的管理功能。

(5) 设计计时器 Clock1，用于给文本添加记录时间。

【逻辑设计】

(1) 在按钮 Button_SaveFile 的 Click 事件下：

① 如果文本输入框 TextBox_FileTxt 的 Text 属性值不为空，则调用文件管理器

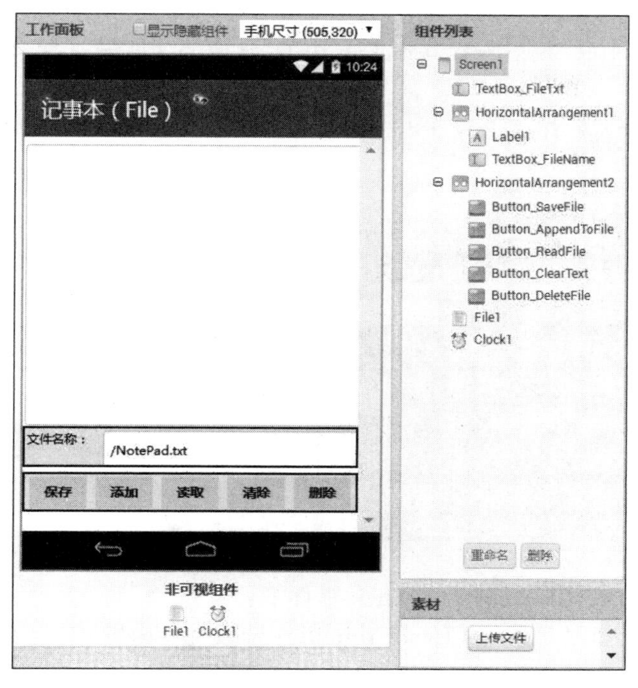

图 10-2　组件设计

File1 的 SaveFile 方法，将文本输入框 TextBox_FileTxt 的 Text 属性值和计时器 Clock1 的 Now 方法获取的当前时刻(instance 属性)连接(join)在一起，保存在文件(fileName 属性)中。

② 在文本输入框 TextBox_FileTxt 中显示信息“提示：文件已保存！”。

③ 如果文本输入框 TextBox_FileTxt 的 Text 属性值为空，该文本输入框获得焦点。

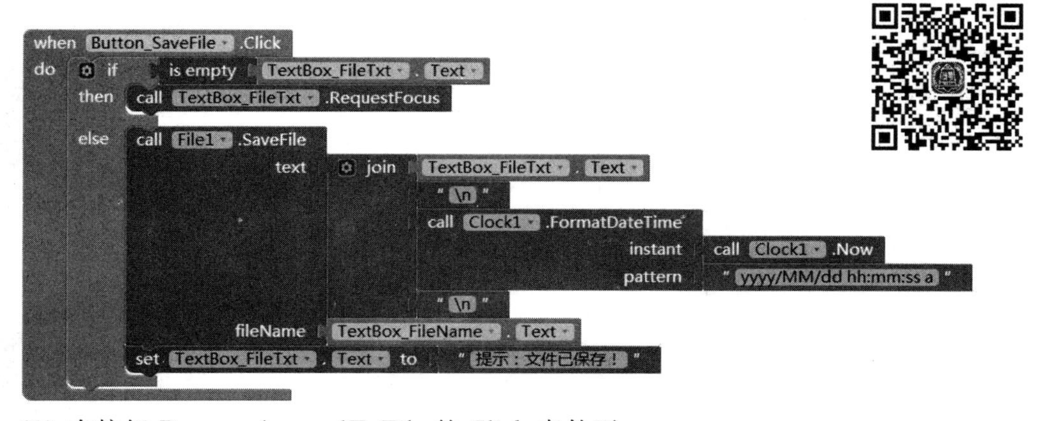

(2) 在按钮 Button_AppendToFile 的 Click 事件下：

① 如果文本输入框 TextBox_FileTxt 的 Text 属性值不为空，则调用文件管理器 File1 的 AppendToFile 方法，将文本输入框 TextBox_FileTxt 的 Text 属性值和计时器 Clock1 的 Now 方法获取的当前时刻(instance 属性)连接(join)在一起，添加到文件

(fileName 属性)中。

② 在文本输入框 TextBox_FileTxt 中显示信息"提示：文件已添加!"。

③ 如果文本输入框 TextBox_FileTxt 的 Text 属性值为空，该文本输入框获得焦点。

```
when Button_AppendToFile .Click
do  if  is empty  TextBox_FileTxt . Text
    then  call TextBox_FileTxt .RequestFocus
    else  call File1 .AppendToFile
                   text   join  TextBox_FileTxt . Text
                                " \n "
                                call Clock1 .FormatDateTime
                                            instant  call Clock1 .Now
                                            pattern  " yyyy/MM/dd hh:mm:ss a "
                                " \n "
               fileName   TextBox_FileName . Text
          set TextBox_FileTxt . Text to " 提示：文件已添加！ "
```

(3) 在按钮 Button_ReadFile 的 Click 事件下：

① 调用文件管理器 File1 的 ReadFrom 方法读取文件内容。

② 并将读取的文件内容(Text 属性)赋给文本输入框 TextBox_FileTxt 的 Text 属性并显示。

```
when Button_ReadFile .Click
do  call File1 .ReadFrom
              fileName  TextBox_FileName . Text

when File1 .GotText
  text
do  set TextBox_FileTxt . Text to  get text
```

(4) 在按钮 Button_ClearText 的 Click 事件下，将文本输入框 TextBox_FileName 的内容清空。

```
when Button_ClearText .Click
do  set TextBox_FileTxt . Text to " "
```

(5) 在按钮 Button_DeleteFile 的 Click 事件下：

① 删除文本文件(fileName 属性)。

② 在文本输入框 TextBox_FileName 显示信息"提示：文件已删除!"。

```
when Button_DeleteFile .Click
do  call File1 .Delete
            fileName  TextBox_FileName . Text
    set TextBox_FileTxt . Text to " 提示：文件已删除！ "
```

【运行结果】

(1) 在文本输入框中输入文字"中国"，点击"保存"按钮，显示信息"提示：文件已保存!"，如图 10-3 所示。

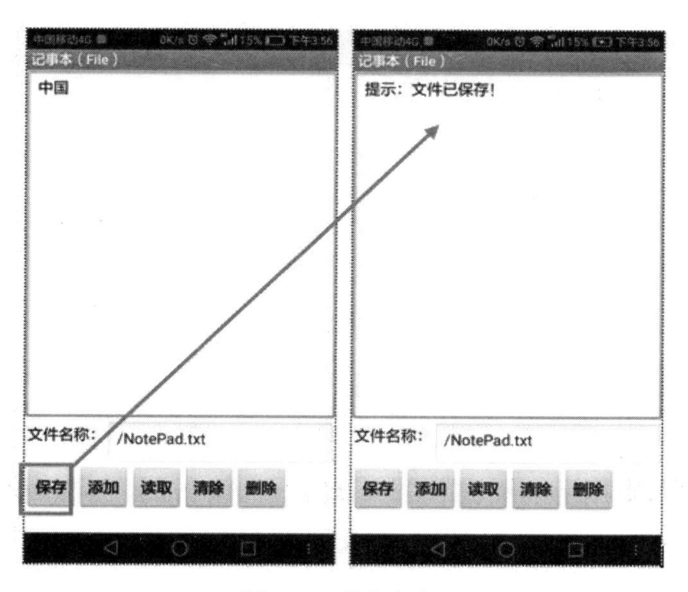

图 10-3　保存文本

（2）在文本输入框中输入文字“美国”，点击“添加”按钮，显示信息“提示：文件已添加！”，如图 10-4 所示。

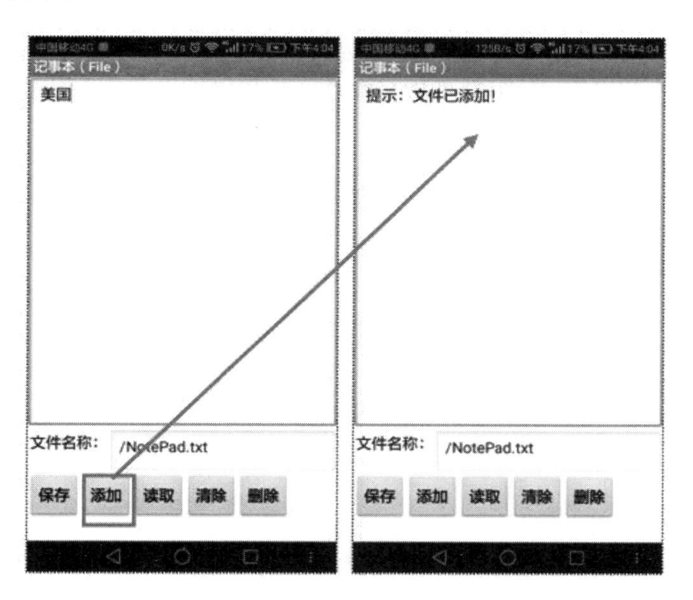

图 10-4　添加文本内容

（3）点击“读取”按钮，在文本输入框中显示所有文本信息，如图 10-5 左所示；点击“清除”按钮，清除文本输入框中的信息，如图 10-5 中所示；点击“删除”按钮，删除文件，在文本输入框中显示信息“提示：文件已删除！”，如图 10-5 右所示。

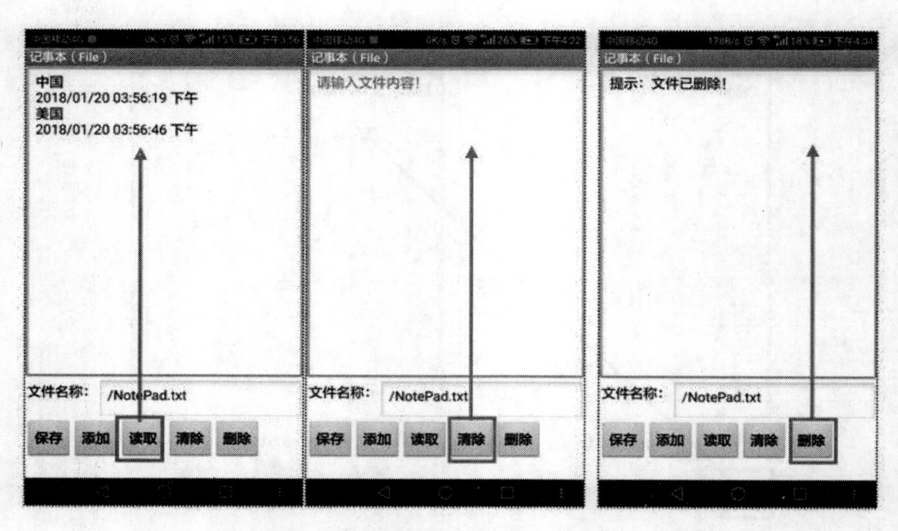

图 10-5 读取文件内容、清除文本输入框中的内容和删除文件

10.2 FTP 客户端

FTP(File Transfer Protocol,文件传输协议)是用于在网络中进行文件传输的一套标准协议。FTP 使用客户/服务器模式。

FTP 客户端(FTP Client)组件可用来设计文件传输的客户端应用程序。

FTP 客户端组件的属性面板如图 10-6 所示。

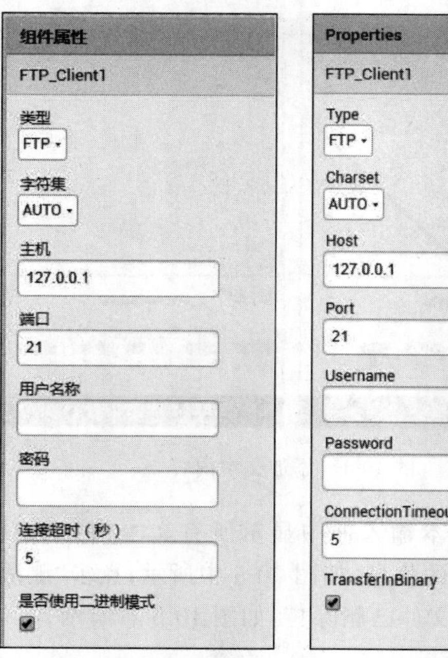

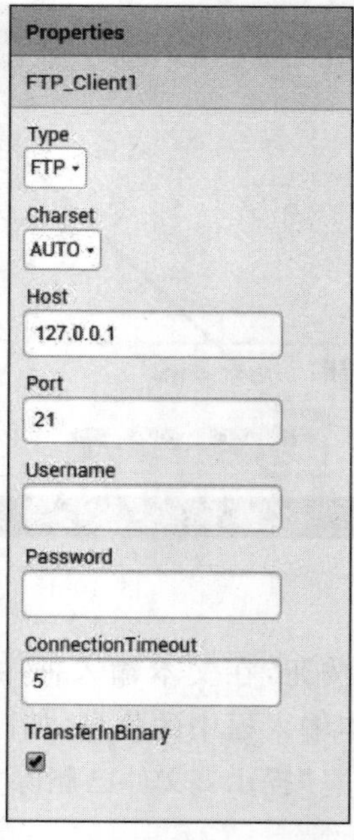

图 10-6 FTP 客户端组件的属性面板

FTP 客户端组件的主要事件如下：

when FTP_Client1 .AfterDownload
success response
do

when FTP_Client1 .AfterUpload
success response
do

when FTP_Client1 .AfterDirectoryDelete
success remoteDirectory
do

when FTP_Client1 .AfterFileDelete
success remoteFile
do

when FTP_Client1 .AfterDirectoryDelete
success remoteDirectory
do

when FTP_Client1 .AfterFileList
success fileList
do

when FTP_Client1 .AfterDirectoryList
success directoryList
do

当 FTP_Client1 .下载完成
是否成功 响应
执行

当 FTP_Client1 .上传完成
是否成功 响应
执行

当 FTP_Client1 .创建目录完成
是否成功 远程目录名
执行

当 FTP_Client1 .文件删除完成
是否成功 远程文件名
执行

当 FTP_Client1 .删除目录完成
是否成功 远程目录名
执行

当 FTP_Client1 .获取文件列表完成
是否成功 文件列表
执行

当 FTP_Client1 .获取目录列表完成
是否成功 目录列表
执行

FTP 客户端组件的主要方法如下：

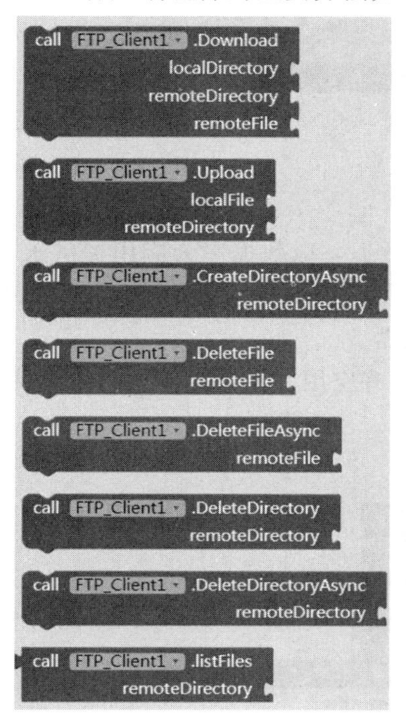

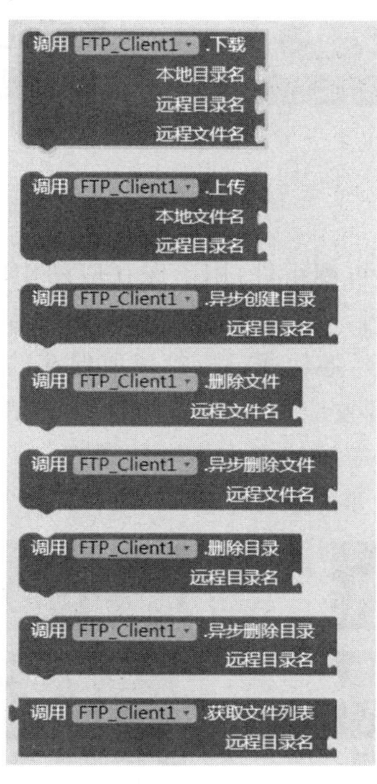

FTP 客户端组件的主要属性如下：

10.3 微数据库

微数据库是一个非可视组件，用于保存应用中的数据。微数据库为应用提供永久数据存储，应用重新启动时，可以获得微数据库中保存的数据。需要为保存的每一项数据设定一个专用的标签(tag)，随后通过标签读取保存的数据。

在使用“AI 伴侣”开发应用时，使用“AI 伴侣”的所有应用共用一个本地微数据库，因此，每次创建新项目时，应该清空本地微数据库。

微数据库组件的主要方法如下：

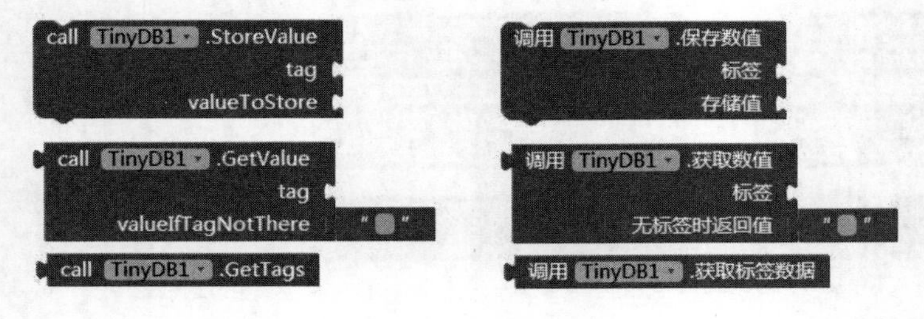

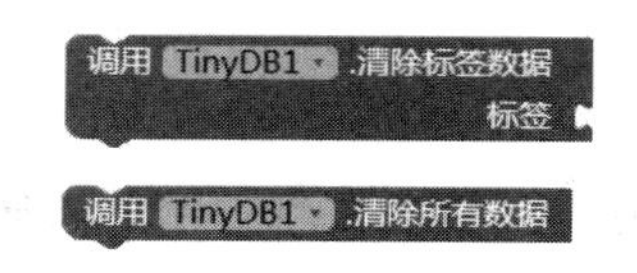

案例 10-2　学生本地信息库

参考源程序：TinyDB. aia

【功能描述】

使用微数据库组件设计一个学生本地信息库 App，可在本地存储学生信息和查询学生信息。

【组件设计】

组件设计如图 10-7 所示。

(1) 设计文本输入框 TextBox_Tag、TextBox_Name 和 TextBox_Phone，分别用于输入学生的学号、姓名和电话。

(2) 设计按钮 Button_StoreValue，用于向微数据库 TinyDB1 提交保存数据请求。

(3) 设计文本输入框 textBox_GetTag，用于输入需要查询信息的学生学号；设计按钮 button_GetValue，用于向微数据库 TinyDB1 提交查找请求。

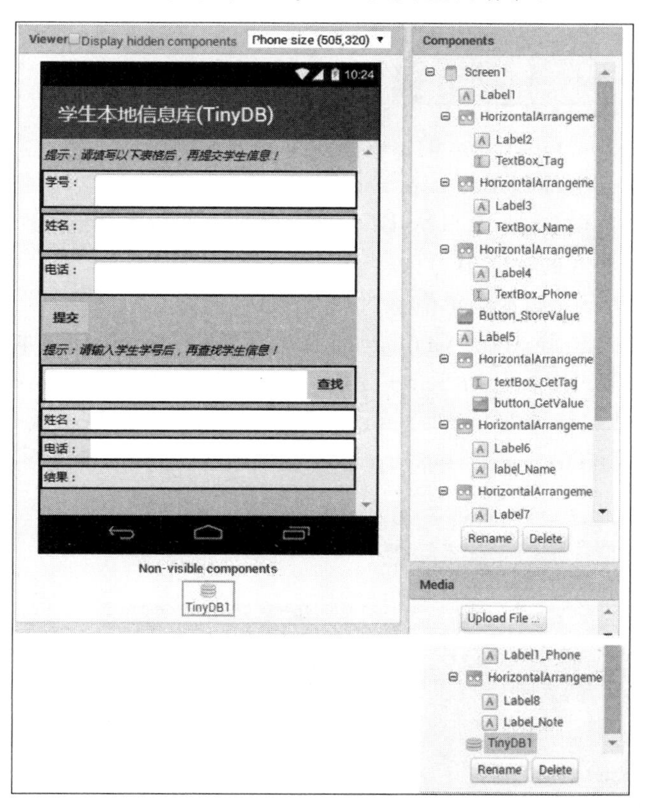

图 10-7　组件设计

(4) 设计标签 Label_Name 和 Label1_ Phone,分别用于显示查询到的学生姓名和电话号码。

(5) 设计微数据库 TinyDB1,用于实现数据的存储和查询。

(6) 设计标签 Label_Note,用于向用户显示提示信息。

【逻辑设计】

(1) 在按钮 Button_StoreValue 的 Click 事件下:

① 如果文本输入框 TextBox_Tag 的 Text 属性值不为空,则调用微数据库 TinyDB1 的 StoreValue 方法存储 tag 和 valueToStore 属性值。其中,将文本输入框 TextBox_Tag 的 Text 属性值作为 tag(标签),将 TextBox_Name 和 TextBox_Phone 的 Text 属性值作为列表值,赋给 valueToStore(存储值)属性。

② 标签 Label_Note 显示提示信息"信息已提交!"。

③ 如果文本输入框 TextBox_Tag 的 Text 属性值为空,则该文本输入框获得焦点。

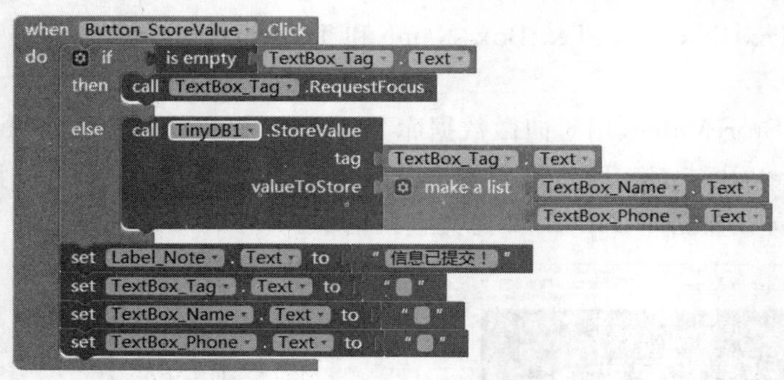

(2) 在按钮 button_GetValue 的 Click 事件下:

① 如果文本输入框 TextBox_GetTag 的 Text 属性值不为空,则把 TextBox_GetTag 的 Text 属性值作为微数据库 TinyDB1 的 tag(标签),调用微数据库 TinyDB1 的 GetValue 方法查询获取的存储值。

② 标签 Label_Note 显示提示信息"信息已提取!"。

③ 如果文本输入框 TextBox_GetTag 的 Text 属性值为空,则该文本输入框获得焦点。

提示:其中,利用列表组件的 Select 方法,并根据 index(索引号)属性值分别将获取的存储值赋给标签 Label_Name 和 Label1_ Phone 的 Text 属性值并显示;ValueIfTagNotThere 表示 tag 的值不存在时的值,此时显示为空。

```
when button_GetValue .Click
do  if   is empty  textBox_GetTag . Text
    then call textBox_GetTag .RequestFocus
    else set label_Name . Text to  select list item list  call TinyDB1 .GetValue
                                                                tag  textBox_GetTag . Text
                                                  valueIfTagNotThere  " "
                                              index  1
         set Label1_Phone . Text to  select list item list  call TinyDB1 .GetValue
                                                                tag  textBox_GetTag . Text
                                                  valueIfTagNotThere  " "
                                              index  2
         set Label_Note . Text to  "信息已提取!"
```

【运行结果】

(1) 在文本输入框中分别输入学生的学号、姓名和电话，点击“提交”按钮，结果显示为“信息已提交!”，如图 10-8 所示。

图 10-8　提交信息

(2) 在文本输入框中输入学生的学号，点击“查找”按钮，获得学生的姓名和电话，结果显示为“信息已提取!”，如图 10-9 所示。

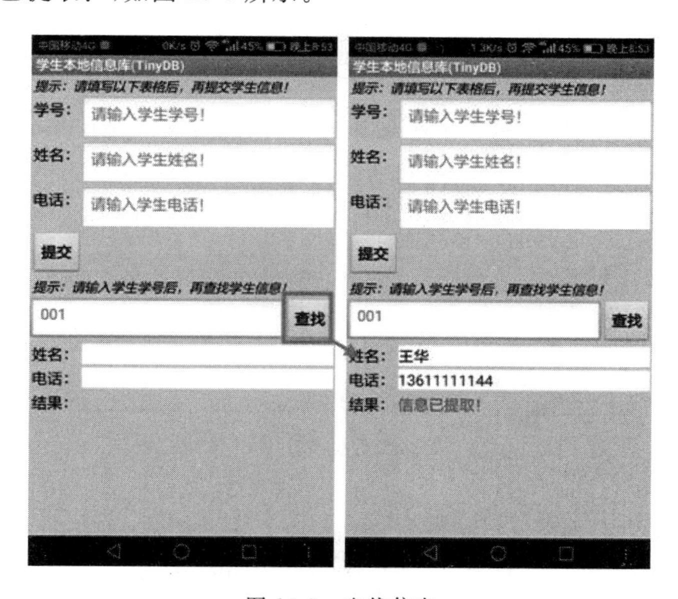

图 10-9　查找信息

10.4　网络微数据库

网络微数据库是非可视组件，通过与 Web 服务器通信，可以保存并读取信息。要使用网络微数据库，必须先创建一个网络微数据库账户。其创建方法如下：

(1) 打开服务器网站 http://app.gzjkw.net/login/。

(2) 单击“创建网络微数据库”链接，打开创建网络微数据库界面，如图 10-10 所示。

图 10-10　创建网络微数据库账户

(3) 输入账号和密码，单击“一键创建”按钮，完成网络微数据库账户创建。

(4) 单击“管理 TinyWebDb”按钮，使用账号和密码登录管理系统，可查看服务器地址 ServiceURL。

提示：许多服务器提供了创建网络微数据库的功能，不同服务器创建网络微数据库的方法不尽相同，可参考相关文档。

网络微数据库组件的属性面板如图 10-11 所示。

图 10-11　网络微数据库组件的属性面板

网络微数据库组件的主要事件如下：

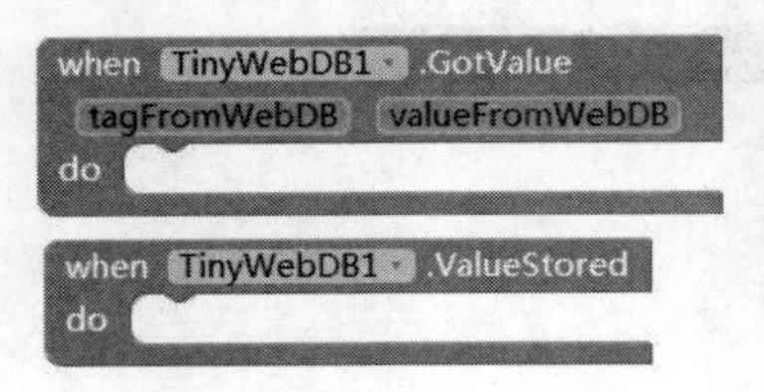

网络微数据库组件的主要方法如下：

网络微数据库组件的主要属性如下：

案例 10-3　学生网络信息库

参考源程序：TinyWebDB.aia

【功能描述】

使用网络微数据库组件设计一个学生网络信息库 App，可将学生信息存储到网络服务器，并查询学生信息。

【组件设计】

学生网络信息库的组件设计与学生本地信息库的组件设计相似，只是使用网络微数据库 TinyWebDB1 代替微数据库 TinyDB1，并设置服务器地址（ServiceURL），如图 10-12 所示。

【逻辑设计】

(1) 在按钮 Button_StoreValue 的 Click 事件下：

① 如果文本输入框 TextBox_Tag 的 Text 属性值不为空，则调用网络微数据库 TinyWebDB1 的 StoreValue 方法存储 tag 和 valueToStore 属性值。其中，将文本输入框 TextBox_Tag 的 Text 属性值作为 tag（标签），将 TextBox_Name 和 TextBox_Phone 的 Text 属性值作为列表值，赋给 valueToStore（存储值）属性。

② 如果文本输入框 TextBox_Tag 的 Text 属性值为空，则该文本输入框获得焦点。

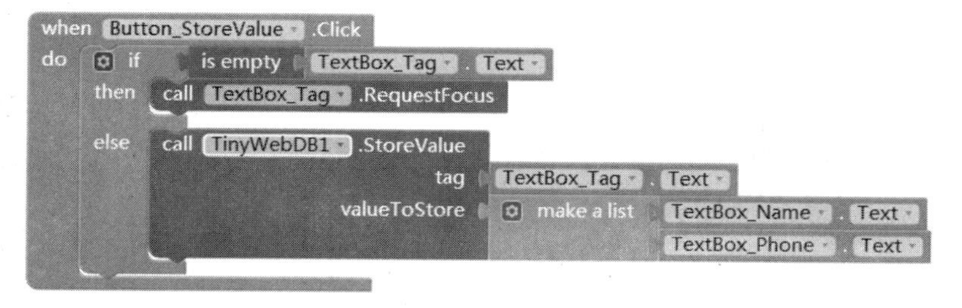

(2) 在网络微数据库 TinyWebDB1 的 ValueStored（完成存储）事件下：

① 标签 Label_Note 显示提示信息“信息已提交！”。

图 10-12　组件设计

② 清空 3 个文本输入框。

```
when TinyWebDB1 .ValueStored
do  set Label_Note . Text to " 信息已提交！ "
    set TextBox_Tag . Text to " "
    set TextBox_Name . Text to " "
    set TextBox_Phone . Text to " "
```

(3) 在按钮 button_getValue 的 Click 事件下：

① 如果文本输入框 textBox_GetTag 的 Text 属性值不为空，则把 textBox_GetTag 的 Text 属性值作为网络微数据库 TinyWebDB1 的 tag(标签)，调用网络微数据库 TinyWebDB1 的 GetValue 方法查询以获取存储值。

② 如果文本输入框 textBox_GetTag 的 Text 属性值为空，则该文本输入框获得焦点。

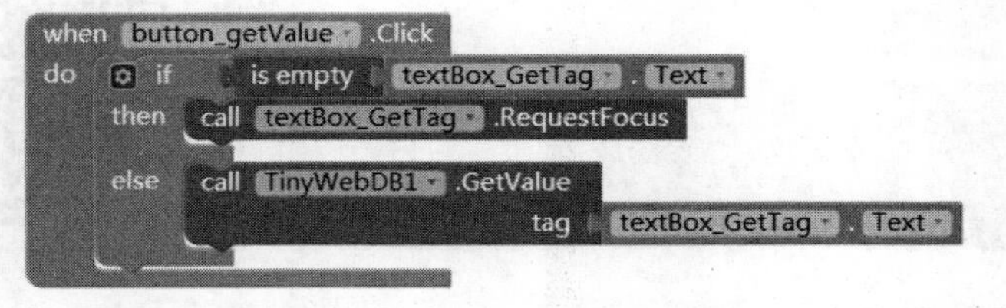

(4) 在网络微数据库 TinyWebDB1 的 GotValue(获取数值)事件下：

① 利用列表组件的 select 方法，并根据 index(索引号)属性值分别将获取的存储值

赋给标签 Label_Name 和 Label1_ Phone 的 Text 属性值并显示。

② 标签 Label_Note 显示提示信息"信息已提取!"。

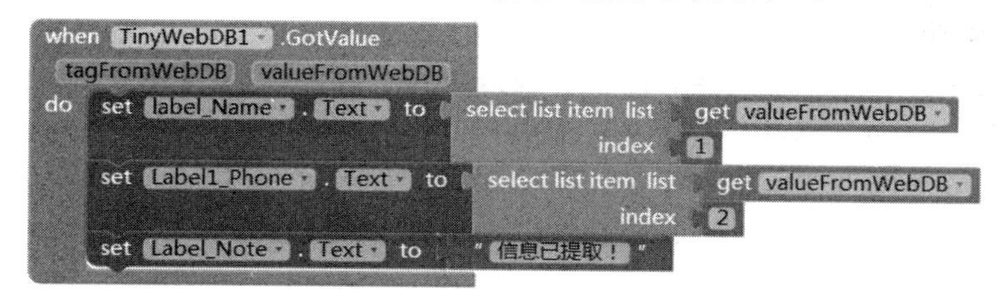

【运行结果】

(1) 在文本输入框中分别输入学生的学号、姓名和电话,点击"提交"按钮,结果显示为"信息已提交!",如图 10-13 所示。

图 10-13　提交数据到网络微数据库

(2) 在文本输入框中输入学生的学号,点击"查找"按钮,获得学生的姓名和电话,结果显示为"信息已提取!",如图 10-14 所示。

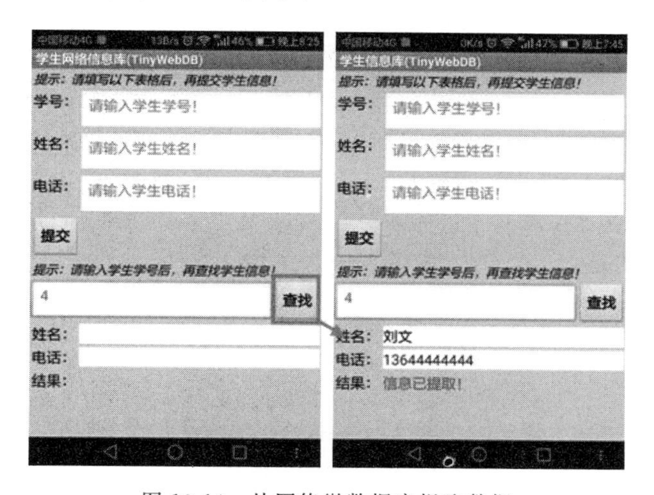

图 10-14　从网络微数据库提取数据

10.5 Redis客户端

Redis 客户端是非可视组件。该组件允许将数据存储到互联网的 Redis 服务器上，让用户共享数据。数据默认存储在 MIT 的服务器上，也可以通过设置 Redis 客户端组件属性将数据存储到本地的服务器上。

思考与练习

（1）文件管理器、微数据库和网络微数据库 3 个组件的存储方式有何区别？

（2）文件管理器、微数据库和网络微数据库 3 个组件各有何优势？

（3）比较案例 10-2 的学生本地信息库和案例 10-3 的学生网络信息库，其逻辑设计有何相同和不同之处？

第11章

通 信 连 接

【教学目标】

(1) 了解蓝牙客户端、蓝牙服务器和 BluetoothLE 组件。

(2) 掌握 Activity 启动器和 HTTP 客户端组件。

(3) 熟练应用 HTTP 客户端组件。

通信连接(Connectivity)模块包括 Activity 启动器(ActivityStarter)、蓝牙服务器(BluetoothServer)、蓝牙客户端(BluetoothClient)、BluetoothLE 和 HTTP 客户端(HttpClient)5 个组件,如图 11-1 所示。

通信连接	Connectivity
Activity启动器	ActivityStarter
蓝牙服务器	BluetoothServer
蓝牙客户端	BluetoothClient
BluetoothLE	BluetoothLE
HTTP客户端	HttpClient

图 11-1 通信连接模块的组件

11.1 Activity 启动器

Activity 启动器组件通过调用 StartActivity 方法启动一个 Android 活动对象。

可被启动的活动包括:启动由 App Inventor 创建的其他应用;启动照相机应用;执行网络搜索;在浏览器中打开指定网页;以指定坐标位置打开地图应用;利用启动活动传递文本数据。

Activity 启动器组件的属性面板如图 11-2 所示。

Activity 启动器组件的主要事件如下:

组件属性	Properties
ActivityStarter1	ActivityStarter1
Action	Action
结果名称	ResultName
Activity包名	ActivityPackage
Activity类名	ActivityClass
数据类型	DataType
数据URI	DataUri
ExtraKey	ExtraKey
ExtraValue	ExtraValue

图 11-2　Activity 启动器组件的属性面板

Activity 启动器组件的主要方法如下：

call ActivityStarter1 .StartActivity　　调用 ActivityStarter1 .启动活动对象

call ActivityStarter1 .ResolveActivity　　调用 ActivityStarter1 .处理活动信息

Activity 启动器组件的主要属性如下：

案例 11-1　Activity 启动器应用

参考源程序：ActivityStarter. aia

【功能描述】

设计一个 App，使用 Activity 启动器分别调用绘画板、照相机和浏览器。

【准备工作】

获取绘画板的活动所属包（ActivityPackage）和活动所属类（ActivityClass）的步骤如下：

（1）将源文件 Canvas. aia 修改为 Canvas. zip，然后解压该文件。

（2）使用记事本打开解压后的文件 project. properties，可获得以下活动所属包（ActivityPackage）和活动所属类（ActivityClass）：

- ActivityPackage：Appinventor. ai_test. Canvas。
- ActivityClass：Appinventor. ai_test. Canvas. Screen1。

【组件设计】

组件设计如图 11-3 所示。

（1）设计按钮 Button_Canvas、Button_Camera 和 Button_WebView，分别调用启动绘画板、照相机和浏览器的 3 个 Activity 启动器。

（2）创建 Activity 启动器 ActivityStarter1、ActivityStarter2 和 ActivityStarter3，分别

图 11-3　组件设计

用于调用绘画板、照相机和浏览器。

【逻辑设计】

(1) 在按钮 Button_Canvas 的 Click 事件下：

① 设置 ActivityStarter1 的活动所属包 ActivityPackage 为 appinventor. ai_test. Canvas。

② 设置 ActivityStarter1 的活动所属类 ActivityClass 为 appinventor. ai_test. Canvas. Screen1。

③ 调用 ActivityStarter1 的 StartActivity 方法启动绘画板。

```
when Button_Canvas .Click
do  set ActivityStarter1 . ActivityPackage to " appinventor.ai_test.Canvas "
    set ActivityStarter1 . ActivityClass to " appinventor.ai_test.Canvas.Screen1 "
    call ActivityStarter1 .StartActivity
```

(2) 在按钮 Button_Camera 的 Click 事件下：

① 设置 ActivityStarter2 的 Action 为 android. intent. action. MAIN。

② 设置 ActivityStarter2 的活动所属包 ActivityPackage 为 com. huawei. camera。

③ 设置 ActivityStarter2 活动所属类 ActivityClass 为 com. huawei. camera。

④ 调用 ActivityStarter1 的 StartActivity 方法启动照相机。

```
when Button_Camera .Click
do  set ActivityStarter2 . Action to " android.intent.action.MAIN "
    set ActivityStarter2 . ActivityPackage to " com.huawei.camera "
    set ActivityStarter2 . ActivityClass to " com.huawei.camera "
    call ActivityStarter2 .StartActivity
```

(3) 在按钮 Button_WebView 的 Click 事件下：

① 设置 ActivityStarter3 的 Action 为 android. intent. action. VIEW。

② 设置 ActivityStarter3 的 DataUri 为 https://www. baidu. com。

③ 调用 ActivityStarter3 的 StartActivity 方法启动浏览器。

```
when Button_WebView .Click
do  set ActivityStarter3 . Action to " android.intent.action.VIEW "
    set ActivityStarter3 . DataUri to " https://www.baidu.com "
    call ActivityStarter3 .StartActivity
```

【运行结果】

(1) 在手机上安装绘画板程序 Canvas. apk。运行“Activity 启动器应用”程序，如图 11-4 所示。

(2) 点击“启动绘画板”按钮，打开绘画板，如图 11-5 左所示。

(3) 点击“启动照相机”按钮，打开手机的照相机，如图 11-5 中所示。

(4) 点击“启动浏览器”按钮，打开手机的浏览器，如图 11-5 右所示。

图 11-4　运行"Activity启动器应用"程序

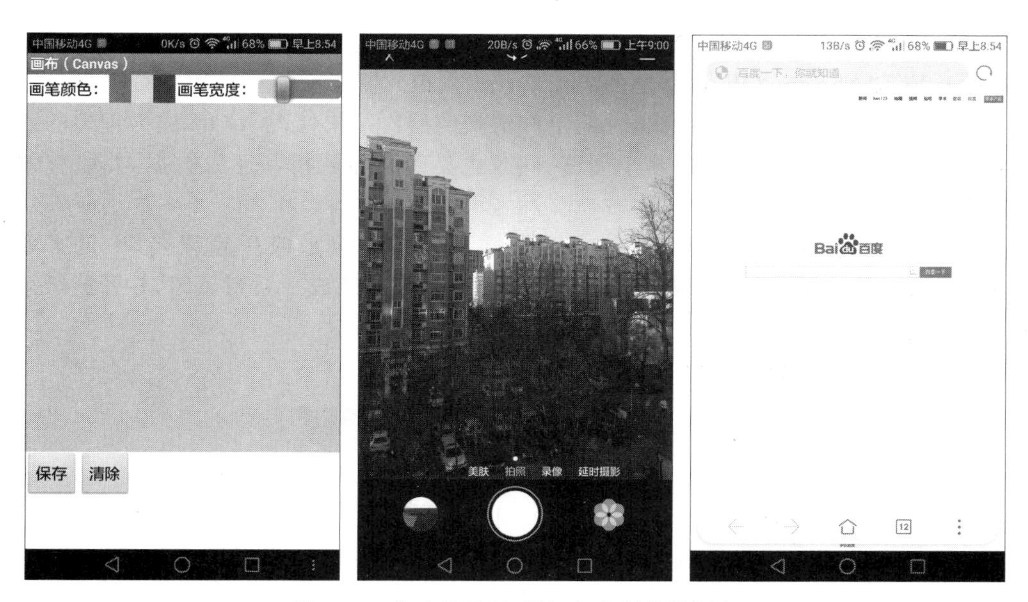

图 11-5　启动绘画板、照相机和浏览器程序

11.2　蓝牙服务器

蓝牙(Bluetooth)是一种无线技术标准，可实现固定设备、移动设备之间的短距离数据交换。蓝牙通信由服务器端移动应用程序和客户端移动应用程序完成。

蓝牙服务器(BluetoothServer)组件用来设计蓝牙通信中的服务器端移动应用程序。

11.3　蓝牙客户端

蓝牙客户端(BluetoothClient)组件用来设计蓝牙通信中的客户端移动应用程序。

11.4　BluetoothLE

BluetoothLE 即低功耗(Low Energy,LE)蓝牙,其最大的特点是成本和功耗低。BluetoothLE 主要应用于实时性要求比较高,但数据速率要求比较低的产品。

BluetoothLE 组件用来设计移动应用程序,通过低功耗蓝牙实现不同产品之间的通信。

11.5　HTTP 客户端

HTTP 客户端是非可视组件,用于发送 HTTP 的 GET、POST、PUT 及 DELETE 请求。

JSON(JavaScript Object Notation, JS 对象标记)是一种轻量级的数据交换格式。它是基于 ECMAScript (W3C 制定的 JavaScript 规范)的一个子集,采用完全独立于编程语言的文本格式来存储和表示数据。简洁和清晰的层次结构使得 JSON 成为理想的数据交换语言,用 JSON 编写的代码易于阅读,同时也易于机器解析和还原数据,并能有效提升网络传输效率。

OpenAPI(Open Application Programming Interface,开放应用编程接口)是服务型网站常见的一种应用,网站的服务商将自己的网站服务封装成一系列 API,并开放给第三方开发者使用。

HTTP 客户端组件的属性面板如图 11-6 所示。

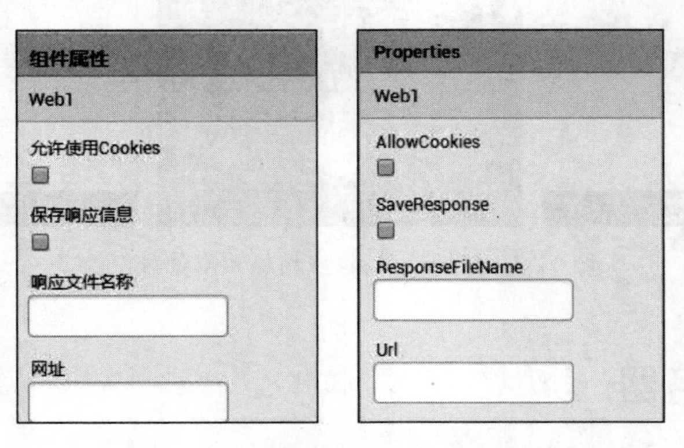

图 11-6　HTTP 客户端组件的属性面板

HTTP 客户端组件的主要事件如下:

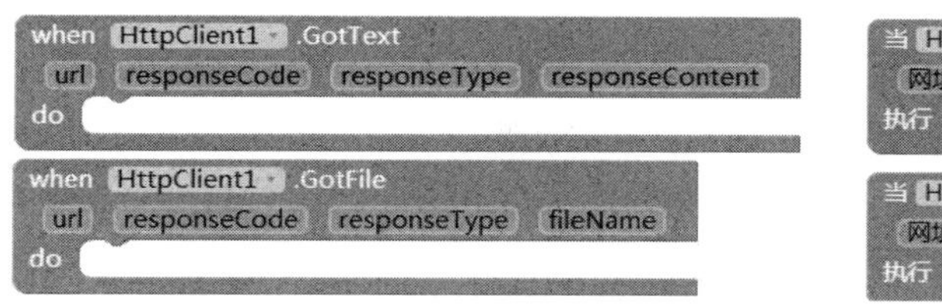

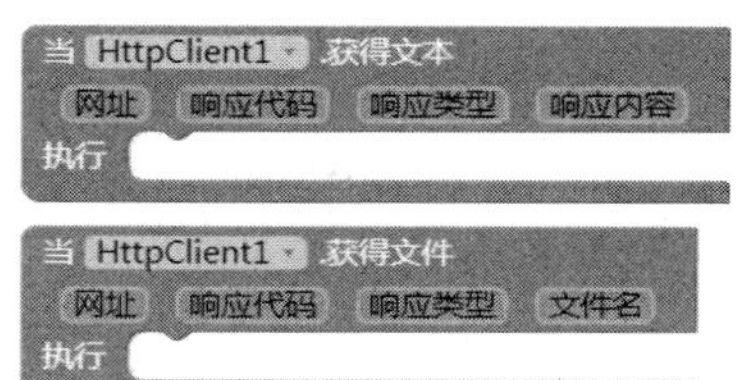

HTTP 客户端组件的主要方法如下：

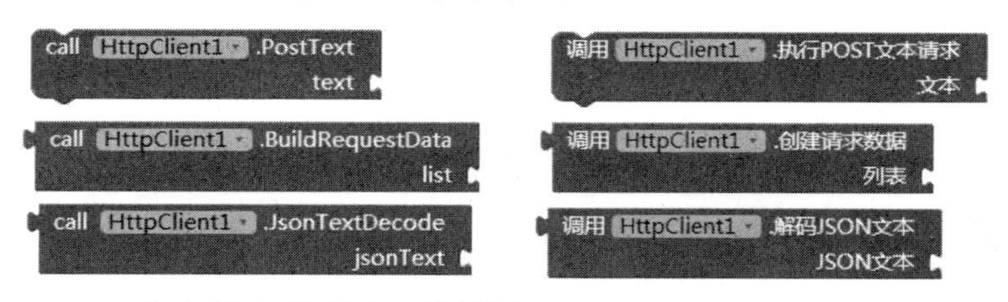

HTTP 客户端组件的主要属性如下：

案例 11-2 图灵机器人 Web 客户端

参考源程序：Web_Tuling. aia

【相关知识】

图灵机器人 API 是在人工智能的核心能力(包括语义理解、智能问答、场景交互、知识管理等)的基础上提供的一系列基于云计算和大数据平台的在线服务和开发接口。

在图灵机器人 API 地址 http://www. tuling123. com/openapi/api 注册，可获取 key 和 userid。

链接类数据的请求格式及返回数据格式如下：

(1) 请求数据格式：

```
{
    "key": "APIkey",
    "info": "(输入信息)",
    "userid": "Userid",
}
```

(2) 返回数据格式：

```
{
    "text": "(返回文本信息)",
    "url": "http://(返回网址)"
}
```

【功能描述】

设计一个 App，通过 HTTP 客户端向图灵机器人 API 发送请求信息(PostText)，通过网页浏览框显示从图灵机器人获取的信息(GotText)。

【组件设计】

组件设计如图 11-7 所示。

(1) 设计文本输入框 TextBox_Question,供用户输入信息。

(2) 设计按钮 Button_Submit,用于向图灵机器人提交输入信息。

(3) 设计标签 Label_Answer,用于显示图灵机器人返回的文本信息。

(4) 设计网页浏览框 WebViewer1,用于接收图灵机器人返回的网址。

(5) 设计 HTTP 客户端 HttpClient1,用于接收输入信息和返回的文本信息及网址。

图 11-7 组件设计

【逻辑设计】

(1) 在按钮 Button_Submit 的 Click 事件下:

① 设置 HTTP 客户端 HttpClient1 的 Url,即 http://www.tuling123.com/openapi/api。

② 创建包含 key、userid 和 info(输入信息)构成的二维列表 list。

③ 调用 HTTP 客户端 HttpClient1 的 BuildRequestData 方法,利用二维列表 list 生成请求数据。

④ 调用 HTTP 客户端 HttpClient1 的 PostText 方法,将生成的请求数据发送给图灵机器人。

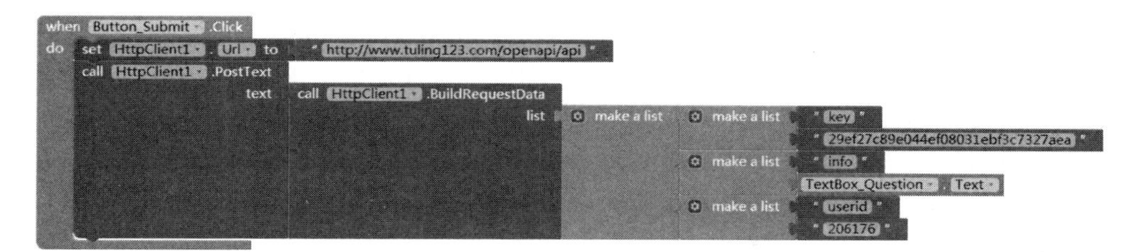

(2) 在 HTPP 客户端 HttpClient1 的 GotText(获取文本信息)事件下：

① 将获取的 responseContent(响应内容)作为 jsonText，调用 HTTP 客户端 HttpClient1 的 JsonTextDecode(文本解码)方法进行解码。

② 将解码文本与 key 的 text 字段进行比对，将查找(look up)结果通过标签 Label_Answer 显示。

③ 将解码文本与 key 的 url 字段进行比对，调用网页浏览框 WebViewer1 的 GoToUrl 方法显示查找(look up)到的 url。

④ 没有查找到结果时，返回信息 not found。

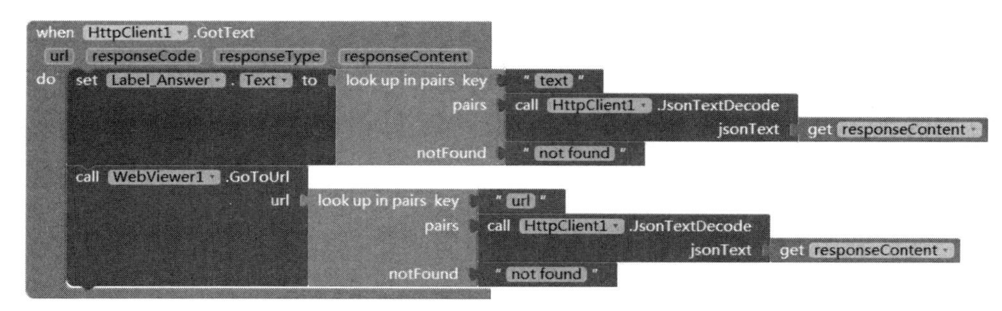

【运行结果】

(1) 在文本输入框中输入“印刷术”，点击“提交”按钮，图灵机器人返回的结果显示在下方的标签中，如图 11-8 左所示。

图 11-8　运行结果

(2) 在文本输入框中输入“北京到广州火车”,点击“提交”按钮,图灵机器人返回文本信息“亲,已帮你找到列车信息”和相关网页,如图 11-8 中所示。

(3) 在文本输入框中输入“草原图片”,点击“提交”按钮,图灵机器人返回文本信息“亲,已帮你找到图片”和相关图片,如图 11-8 右所示。

思考与练习

(1) 如何获取 App 程序的活动所属包(ActivityPackage)和活动所属类(ActivityClass)?

(2) 使用 HTTP 客户端调用百度天气 API,设计近 4 天城市天气预报 App。(参考源程序:Web_Weather.aia)

(3) 目前市场上存在哪些流行的 API 资源?

第12章

人 工 智 能

【教学目标】

（1）了解 TensorFlowLite 和 TensorUtil 组件。

（2）了解百度语音唤醒组件。

（3）掌握百度语音识别和百度语音合成组件。

人工智能（Artificial Intelligence）模块包括 TensorFlowLite、TensorUtil、百度语音识别、百度语音合成和百度语音唤醒 5 个组件。

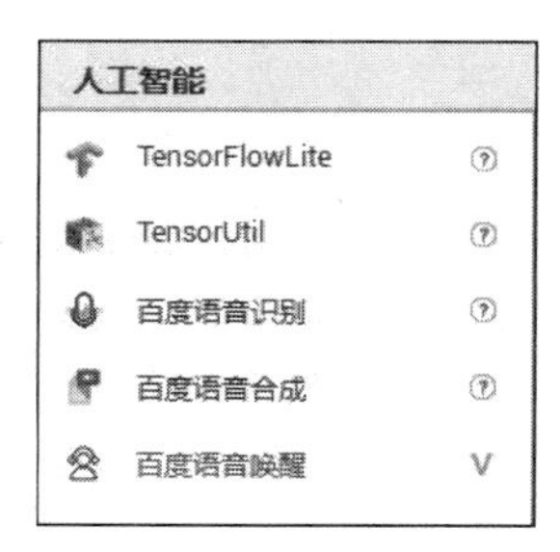

图 12-1　人工智能模块的组件

12.1　TensorFlowLite

TensorFlow 是 Google 第二代机器学习系统。TensorFlowLite 是 TensorFlow 针对移动和嵌入式设备的轻量级解决方案，它允许在低延迟的移动设备上运行机器学习模型。

可通过 TensorFlowLite 组件设计移动应用程序，利用 TensorFlowLite 模型进行推理，它支持利用低时延移动设备上的机器学习模型进行推理的功能。

TensorFlowLite 组件的主要事件如下：

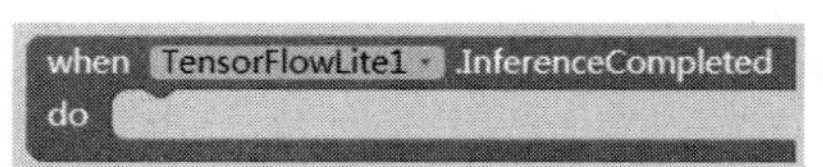

when TensorFlowLite1 .ModelFileLoaded
do

当 TensorFlowLite1 .模型文件已加载
执行

when TensorFlowLite1 .OnError
desc
do

当 TensorFlowLite1 .出错
描述
执行

TensorFlowLite 组件的主要方法如下：

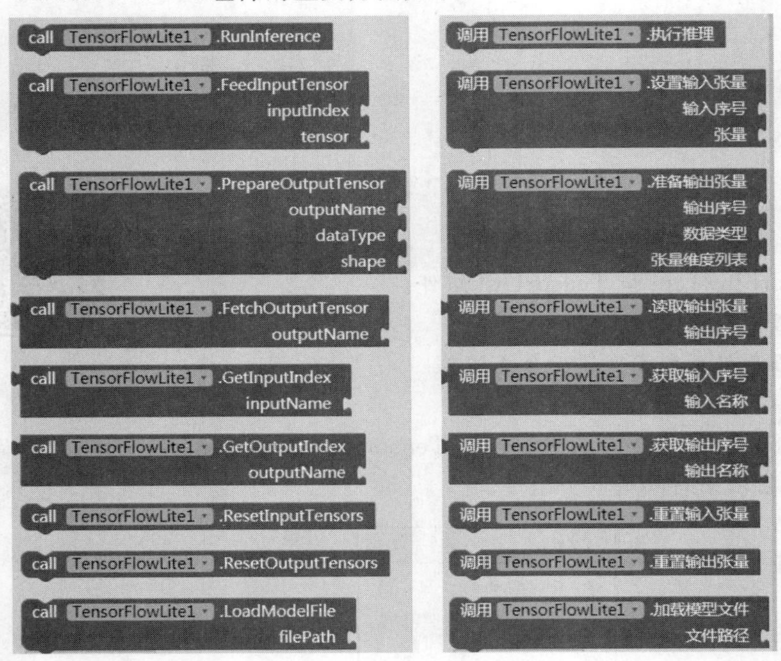

12.2 TensorUtil

TensorUtil 组件是用来处理 TensorFlow 数据结构的工具。

TensorUtil 组件的主要方法如下：

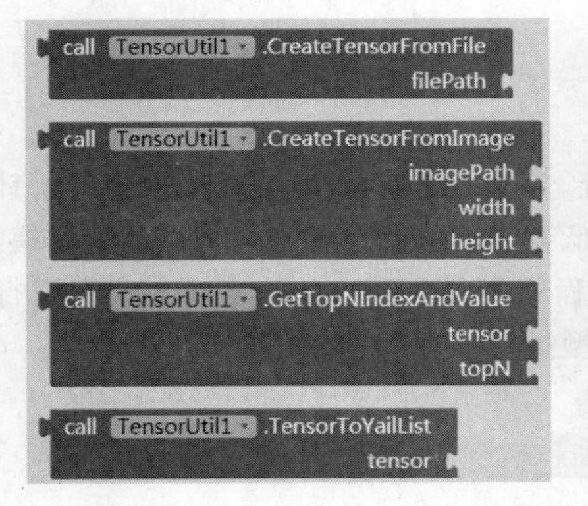

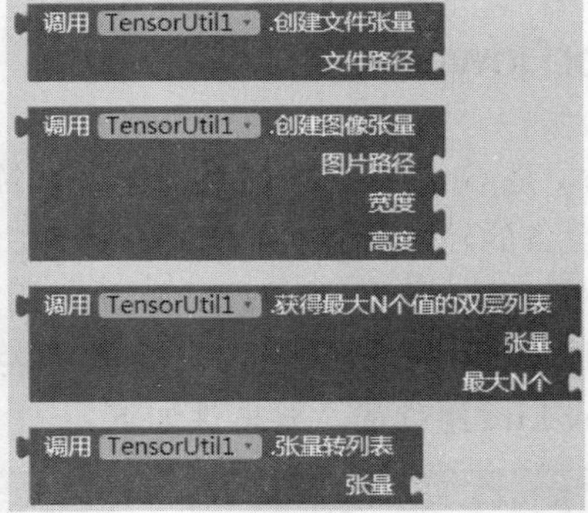

12.3　百度语音识别

百度语音识别组件使用百度语音开放平台，实现语音的识别，即将语音转换为文本。百度语音识别组件的属性面板如图 12-2 所示。

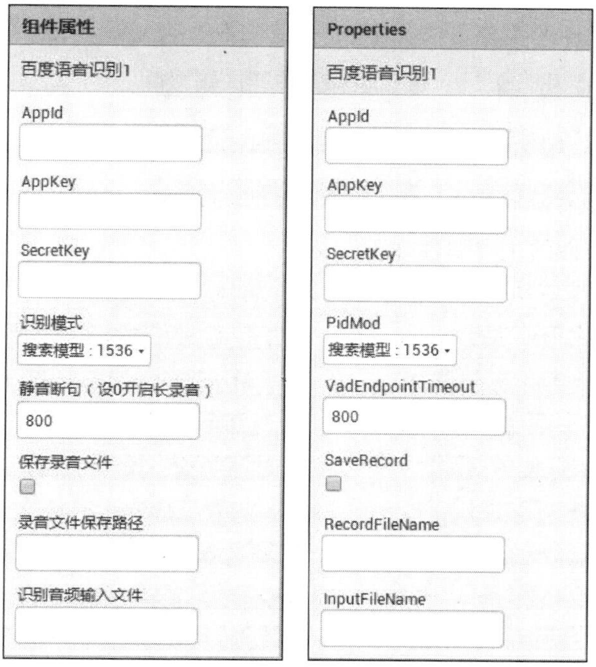

图 12-2　百度语音识别组件的属性面板

百度语音识别组件的主要事件如下：

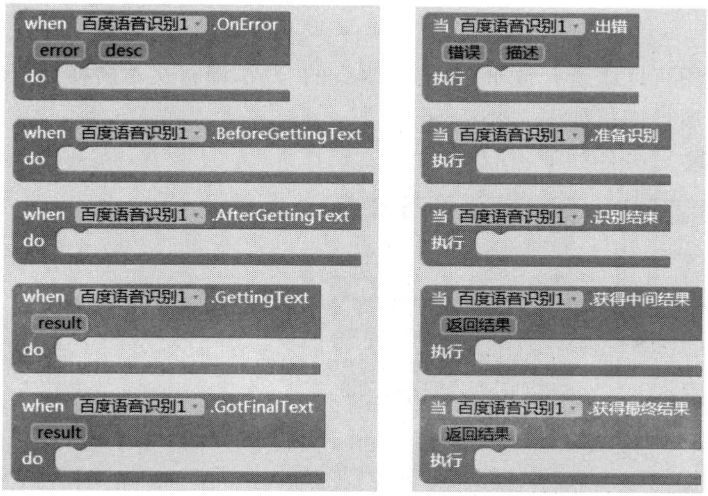

when 百度语音识别1 .GotNluText
result
do
when 百度语音识别1 .Recording
volume volumePercent
do

百度语音识别组件的主要方法如下：

call 百度语音识别1 .Start
call 百度语音识别1 .Stop
call 百度语音识别1 .Cancel

调用 百度语音识别1 .开始
调用 百度语音识别1 .停止
调用 百度语音识别1 .取消

百度语音识别组件的主要属性如下：

百度语音识别1 . Recording
set 百度语音识别1 . PidMod to
百度语音识别1 . VadEndpointTimeout
set 百度语音识别1 . VadEndpointTimeout to
set 百度语音识别1 . SaveRecord to
百度语音识别1 . RecordFileName
set 百度语音识别1 . RecordFileName to
百度语音识别1 . InputFileName
set 百度语音识别1 . InputFileName to
百度语音识别1

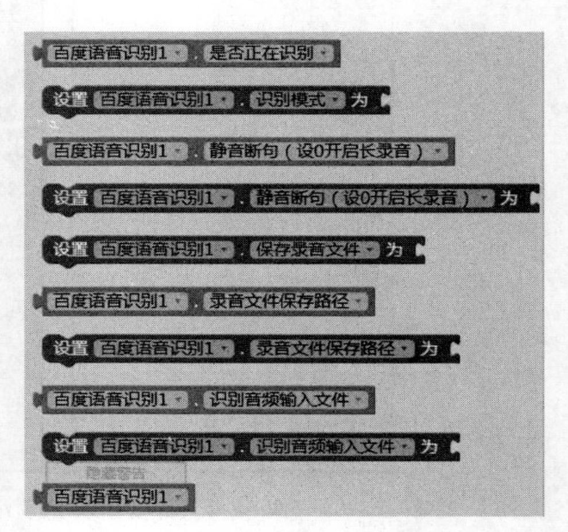

12.4 百度语音合成

百度语音合成组件使用百度语音开放平台，实现语音的合成，即将文本转换为语音。

百度语音合成组件的属性面板如图 12-3 所示。

百度语音合成组件的主要事件如下：

when 百度语音合成1 .BeforeSpeaking
do
when 百度语音合成1 .AfterSpeaking
do
when 百度语音合成1 .Speaking
progress
do
when 百度语音合成1 .BeforeFileSave
do

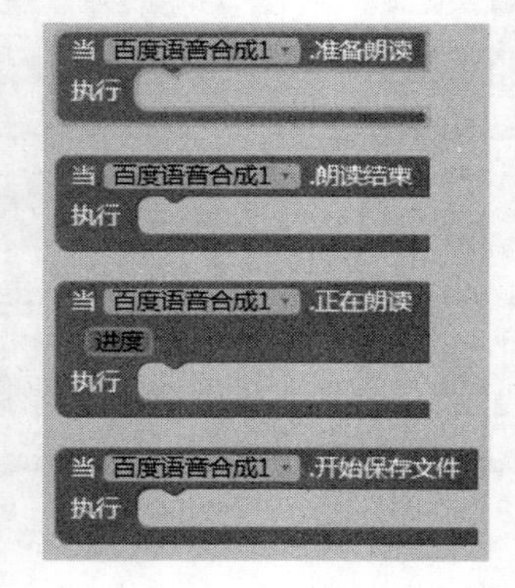

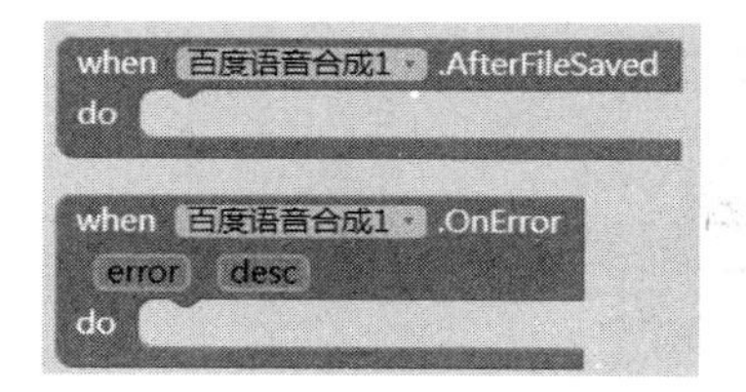

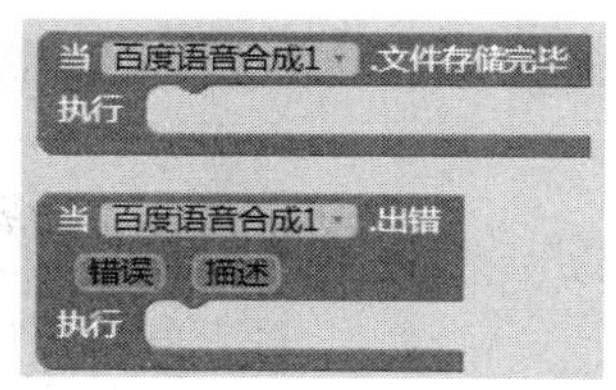

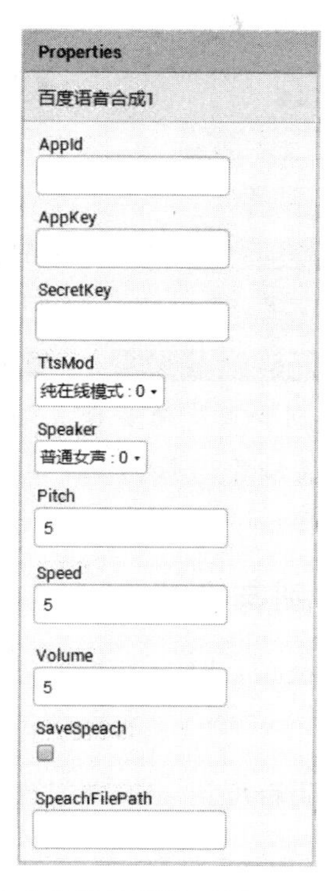

图 12-3 百度语音合成组件的属性面板

百度语音合成组件的主要方法如下：

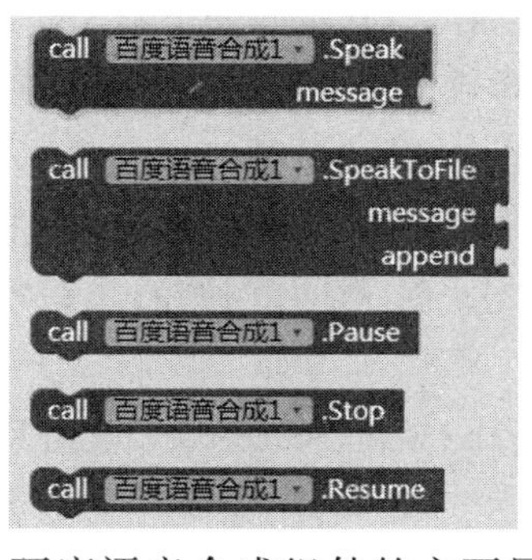

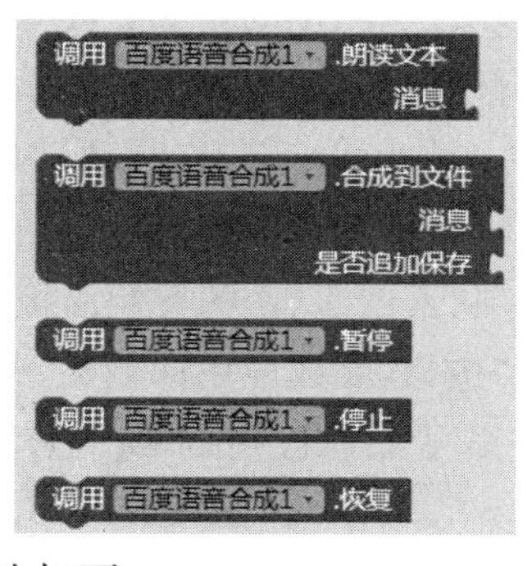

百度语音合成组件的主要属性如下：

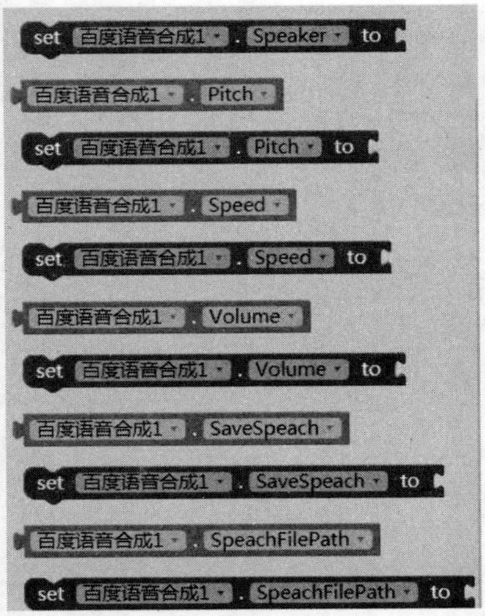

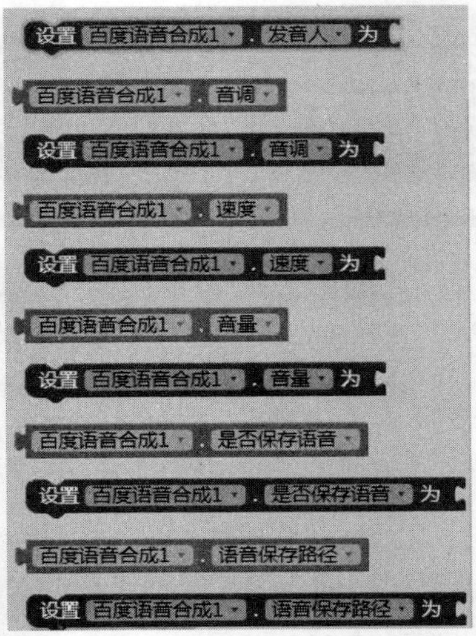

提示：百度语音识别和百度语音合成组件相当于多媒体模块中的语音合成器和语音识别器组件。但是，百度语音识别和百度语音合成组件不要求手机安装第三方语音识别与合成引擎，通用性更好。

案例　百度语音识别与合成

参考源程序：BaiduSpeechRecognizer_TextToSpeech.aia

【功能描述】

设计一个 App，使用百度语音识别组件将语音转换为文本，使用百度语音合成组件将文本转换为语音。

【准备工作】

要使用百度语音识别组件和百度语音合成组件，必须提前在百度语音开放平台创建百度 AI 应用，获取应用的 AppID、APIKey 和 SecretKey 等信息，其步骤如下：

(1) 单击百度 AI 开放平台(https://ai.baidu.com/)导航右侧的“控制台”，选择需要使用的 AI 服务项“百度语音”。若为未登录状态，将跳转至登录界面，可使用百度账号登录。如还未注册百度账户，可以单击此处注册百度账户。

(2) 登录后进入 AI 服务项“百度语音”的控制面板，单击“创建应用”按钮，填写“应用名称”等信息，单击“立即创建”按钮，完成应用的创建。

(3) 单击“应用列表”，将显示创建应用的 AppID、APIKey 和 SecretKey 等信息，如图 12-4 所示。

【组件设计】

组件设计如图 12-5 所示。

(1) 设计按钮 Button_SpeechRecognizer 和 Button_TextToSpeech，用于触发 Click 事件分别调用百度语音识别组件和百度语音合成组件。

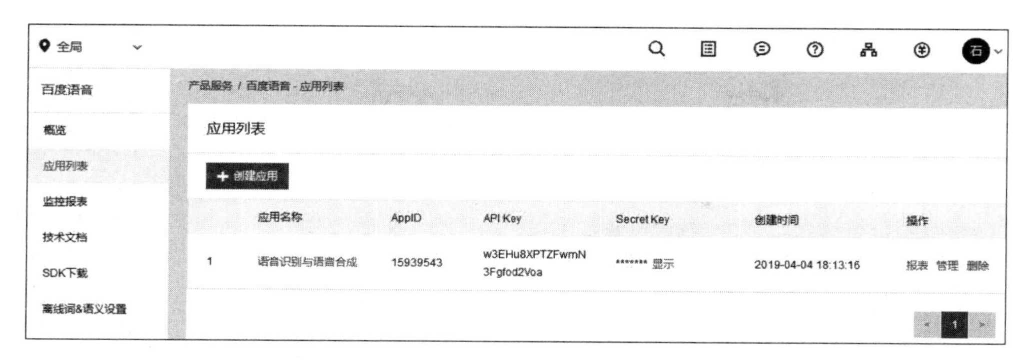

图 12-4　创建百度 AI 应用

(2) 设计文本输入框 TextBox_Text,用于显示语音识别时输出的文字或语音合成时输入的文字。

(3) 设计百度语音识别器 BaiduSpeechRecognizer1 和一个百度语音合成器 BaiduTextToSpeech1,用于实现将语音识别为文本或将文本转换为语音的功能。在属性面板填写在百度 AI 平台创建的应用的 AppID、APIKey 和 SecretKey 信息。

图 12-5　组件设计

【逻辑设计】

(1) 在按钮 Button_SpeechRecognizerStart 的 Click 事件下,调用百度语音识别器 BaiduSpeechRecognizer1 的 Start 方法,开始将语音转换为文字。

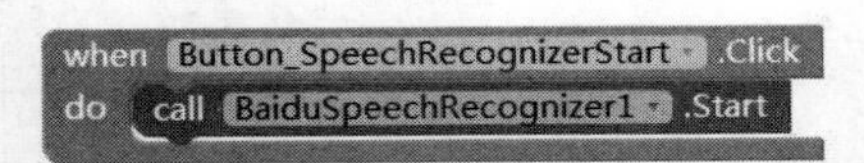

(2) 在百度语音识别器 BaiduSpeechRecognizer1 的 AfterGettingText 事件下，将语音识别的文字结果(result)赋给文本输入框 TextBox_Text 的 Text 属性并显示。

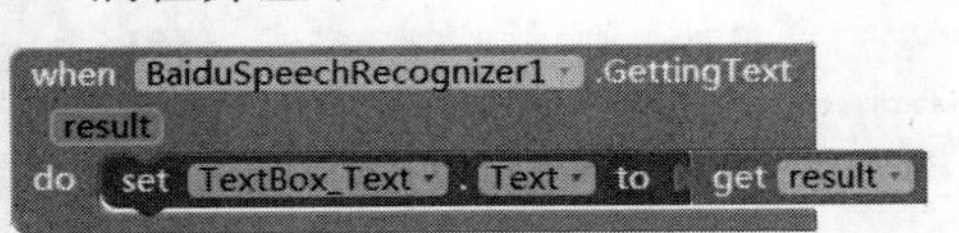

(3) 在按钮 Button_TextToSpeech 的 Click 事件下，调用百度语音合成器 BaiduTextToSpeech1 的 Speak 方法，将文本输入框中的文本赋给其 message 属性并转换为语音。

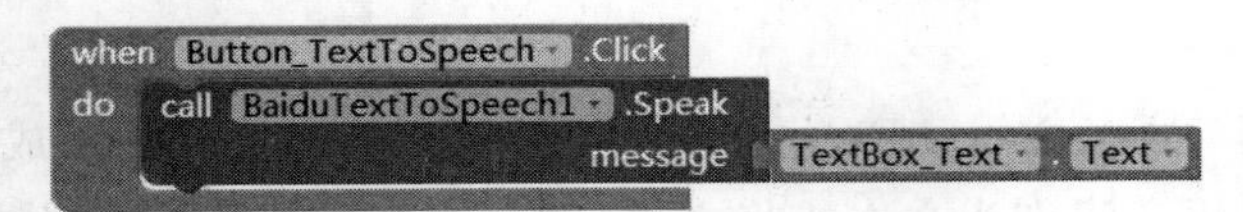

【运行结果】

运行结果如图 12-6 所示。

(1) 点击"语音—>文字"按钮，面对手机大声阅读"中华人民共和国"，语音转换为文字后显示在文本输入框中，如图 12-6 左所示。

(2) 点击"文字—>语音"按钮，自动将文本输入框中的文字"中华人民共和国"转换为语音，如图 12-6 右所示。

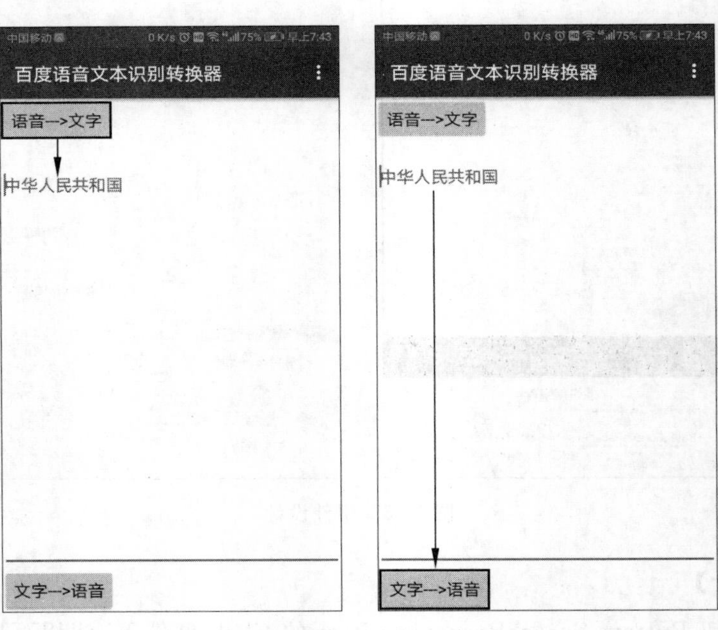

图 12-6　运行结果

12.5 百度语音唤醒

百度语音唤醒组件使用百度语音开放平台实现语音唤醒功能。

百度语音的其他高级应用可参考文档 https://ai.baidu.com/docs/#/。

思考与练习

(1) 百度语音识别和百度语音合成组件与多媒体模块中的语音合成器和语音识别器组件的使用方法有何不同?

(2) 在本章案例基础上,将语音文件和音频文件保存为单独的文件,并存储到手机中。

(3) 在本章案例基础上,实现调整合成语音的音调和语速的功能。

第13章

高 德 地 图

【教学目标】

(1) 了解线条、圆形、矩形、多边形和特征集合组件。

(2) 掌握高德地图和标记组件。

(3) 熟练应用地图组件。

高德地图(Gaode Maps) 模块包括高德定位、高德地图(Map)、标记(Marker)、线条(LineString)、圆形(Circle)、矩形(Rectangle)、多边形(Polygon)和特征集合(FeatureCollection)8 个组件,如图 13-1 所示。

高德地图	Gaode Maps
高德定位	高德定位
高德地图	Map
标记	Marker
线条	LineString
圆形	Circle
矩形	Rectangle
多边形	Polygon
特征集合	FeatureCollection

图 13-1 高德地图模块的组件

13.1 高德定位

高德定位组件使用定位技术快速获取手机的位置信息。可采用 3 种方式定位:

(1) 网络定位。使用 Wi-Fi 和基站定位,不使用 GPS 和其他传感器,支持室内环境的定位,比较省电。

(2) GPS 定位。使用 GPS 定位,不需要连接网络,需要在室外环境下定位。

(3) 网络和 GPS 组合定位。同时使用网络定位和 GPS 定位，优先返回最高精度的定位结果以及对应的地址描述信息。

提示：定位组件相当于传感器模块中的位置传感器组件，但位置传感器组件只能采用 GPS 定位。

13.2　高德地图

高德地图组件是一个二维容器，背景显示为地图，可以在地图中添加多种标记，以标定某些特殊的点。

高德地图组件的属性面板如图 13-2 所示。

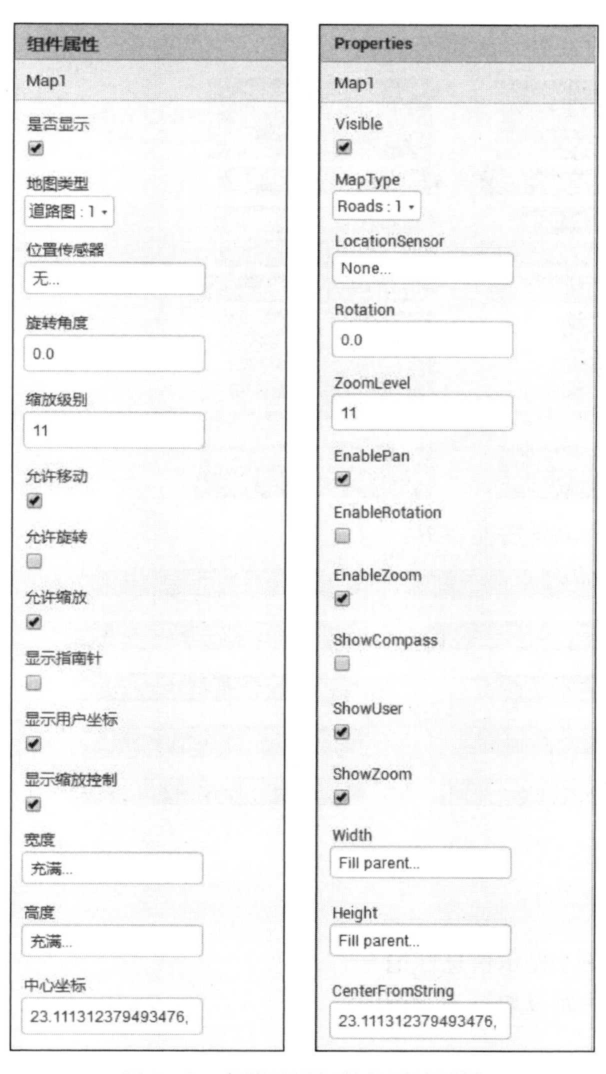

图 13-2　高德地图组件的属性面板

高德地图组件的主要事件如下：

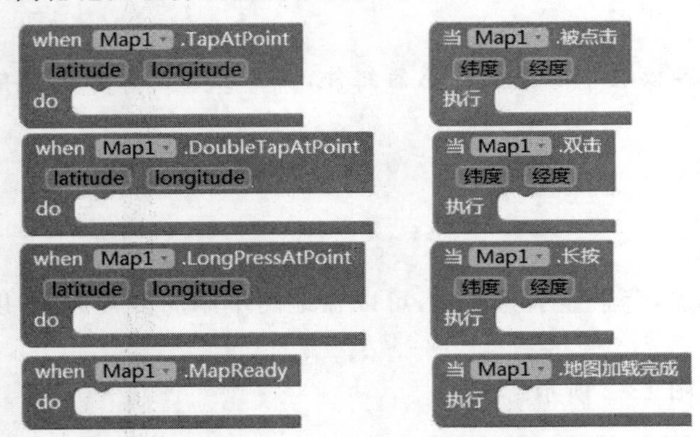

高德地图组件的主要方法如下：

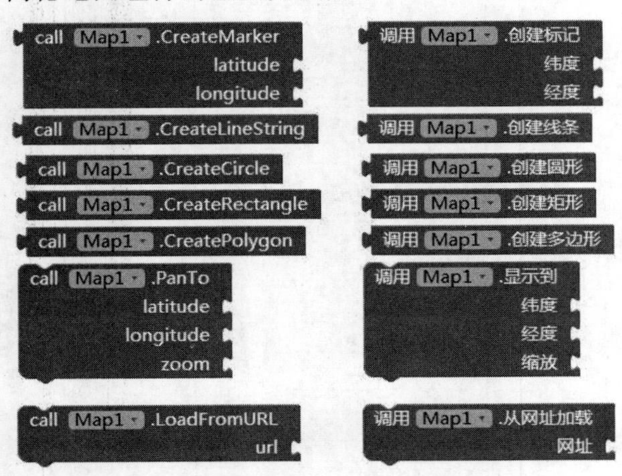

高德地图组件的主要属性如下：

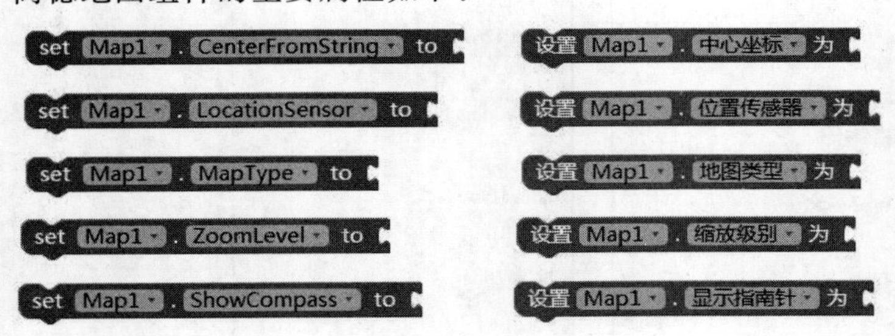

13.3 标记

标记组件在地图上显示信息标记。

标记组件的属性面板如图 13-3 所示。

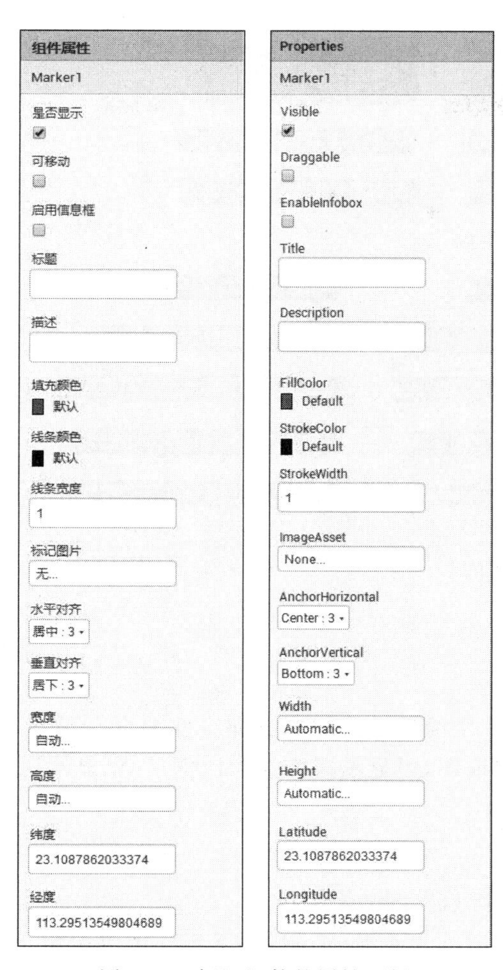

图 13-3　标记组件的属性面板

标记组件的主要事件如下：

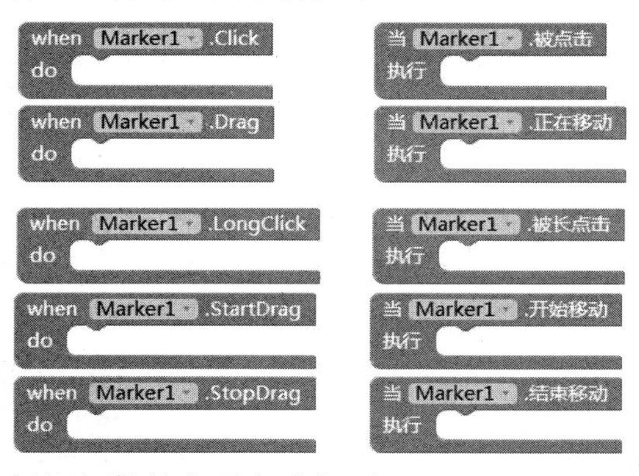

标记组件的主要方法如下：

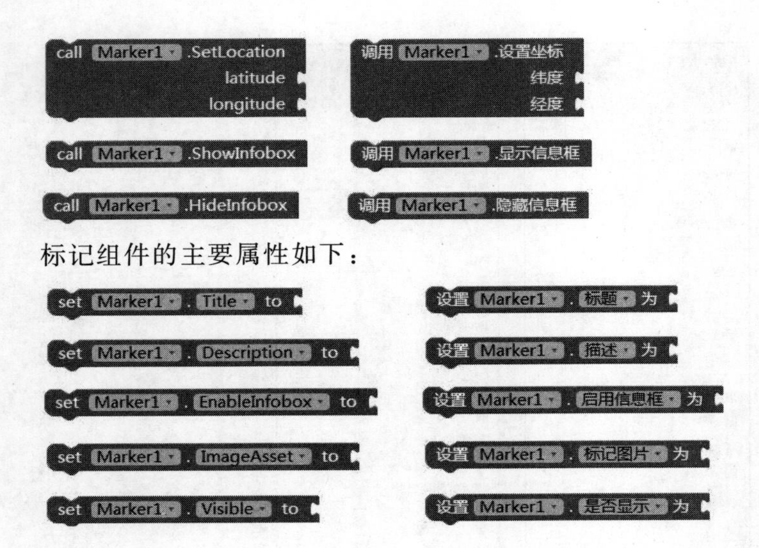

标记组件的主要属性如下：

案例　简易电子地图

参考源程序：Maps. aia

【功能描述】

使用地图组件设计一个简易电子地图 App。地图中心坐标为手机用户所在位置，可创建和取消标记，可缩放地图，可显示指南针和比例尺，可显示地图的平面图、卫星图和混合图。

【组件设计】

组件设计如图 13-4 所示。

(1) 创建位置传感器 LocationSensor1，用于实现定位功能。

(2) 创建地图 Map1，在属性面板选择 LocationSensor1 赋给“位置传感器”属性；勾选“允许移动”“允许缩放”“显示指南针”“显示用户坐标”“显示缩放控制”和“显示比例尺”等复选框。

(3) 创建按钮 ButtonPlane、ButtonSatellite 和 ButtonMixed，分别用于选择 3 种地图类型：平面图、卫星图和混合图。

【逻辑设计】

(1) 在位置传感器 LocationSensor1 的 LocationChanged（位置改变）事件下，将获取的 latitude（纬度）和 longitude（经度）赋给地图 Map1 的 CenterFromString（中心坐标）属性。

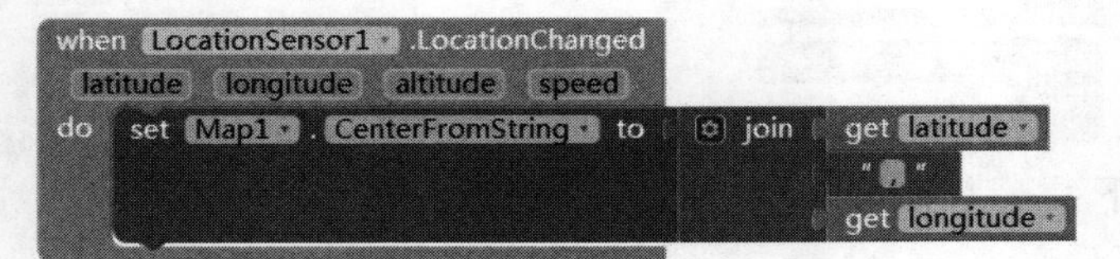

图 13-4　组件设计

(2) 在地图 Map1 的 LongPressAtPoint(长按)事件下：

① 调用 Map1 的 CreateMarker(创建标记)方法，在当前经纬度创建一个标记(Marker)。

② 调用标记的 SetLocation(定位)方法对创建的标记根据经纬度进行定位。

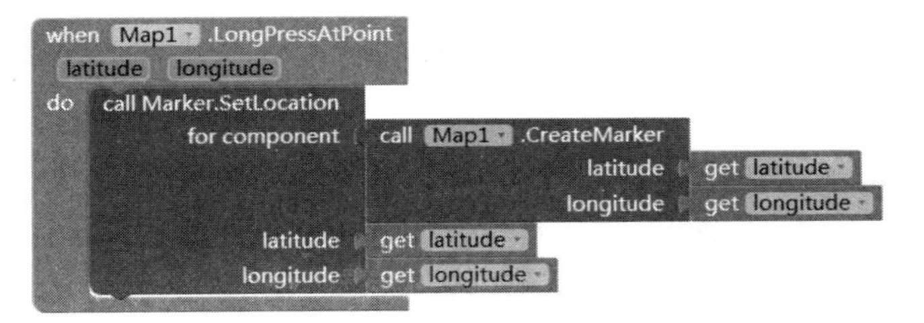

(3) 在任意标记(any Marker)的 LongClick(长按)事件下，调用标记的 SelfDelete(自删除)方法，自删除该标记组件。

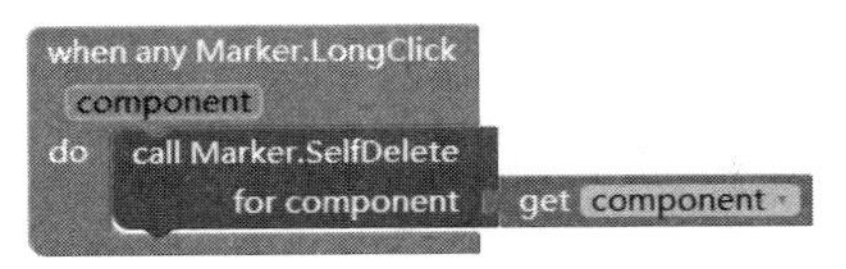

(4) 在按钮 ButtonPlane、ButtonSatellite 和 ButtonMixed 的 Click 事件下，分别设置 Map1 的 MapType(地图类型)为 1(平面图)、2(卫星图)和 3(混合图)。

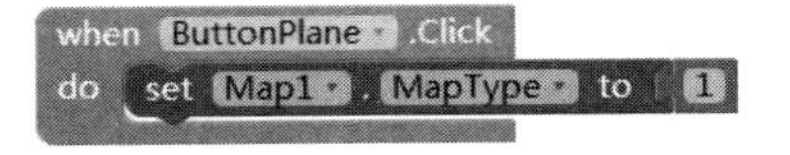

```
when ButtonSatellite .Click
do  set Map1 . MapType to 2

when ButtonMixed .Click
do  set Map1 . MapType to 3
```

【运行结果】

（1）打开简易电子地图，地图中心坐标为手机用户所在位置。可创建和取消标记，可缩放地图，可显示指南针和比例尺，如图 13-5 所示。

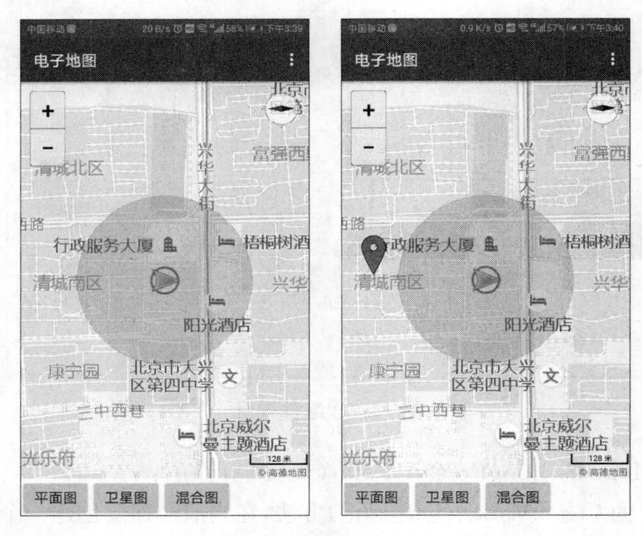

图 13-5 地图定位和标记

（2）点击“平面图”“卫星图”和“混合图”按钮，显示地图的平面图、卫星图和混合图，如图 13-6 所示。

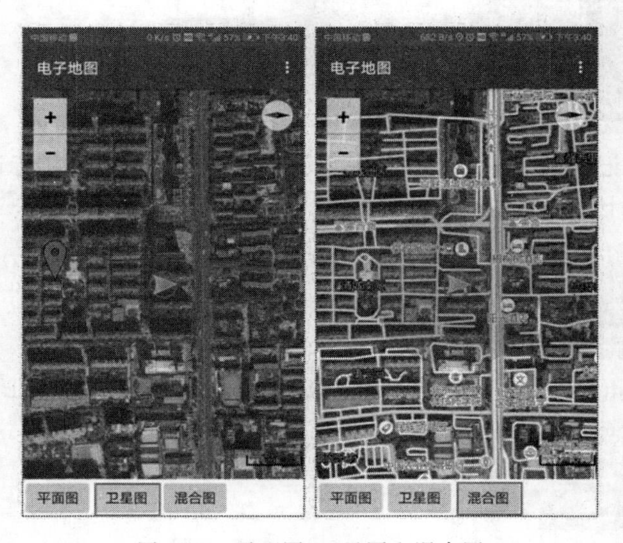

图 13-6 平面图、卫星图和混合图

13.4　线条

线条是地图上开放的线形组件，由多个线段组成。拖动任何一个线段中间的点，都可以生成一个新的顶点；单击并拖曳顶点，可以移动顶点；单击某个顶点，将删除该顶点。

13.5　圆形

圆形组件在地图上显示为一个指定半径（单位为米）的圆形，其圆心由给定的经纬度确定。

13.6　矩形

矩形组件在地图上按经纬度值绘制矩形区域。单击并拖曳顶点，改变矩形的大小；单击并拖曳矩形内部，改变矩形的位置。

13.7　多边形

多边形组件在地图上绘制任意多边形。单击拖动多边形的顶点，改变顶点位置；单击拖动边中间的点，可将其拆分成两条边；单击拖动多边形内部，改变多边形的位置。

13.8　特征集合

特征集合组件用于在地图上显示一组特征。特征集合汇集一个或多个地图上的特征点，当集合中任何一点的事件被触发时，都将触发集合的相应事件。可以从外部资源将特征集合加载到现有地图中。目前只支持 GeoJSON 格式的数据。

思考与练习

（1）如何在本章案例简易电子地图的基础上增加测量两个标记点距离的功能？
（2）如何在电子地图上标记用户运行轨迹？
（3）如何在电子地图上标记地址信息？

图书资源支持

感谢您一直以来对清华版图书的支持和爱护。为了配合本书的使用，本书提供配套的资源，有需求的读者请扫描下方的“书圈”微信公众号二维码，在图书专区下载，也可以拨打电话或发送电子邮件咨询。

如果您在使用本书的过程中遇到了什么问题，或者有相关图书出版计划，也请您发邮件告诉我们，以便我们更好地为您服务。

我们的联系方式：

地　　址：北京市海淀区双清路学研大厦 A 座 701

邮　　编：100084

电　　话：010－62770175－4608

资源下载：http://www.tup.com.cn

客服邮箱：tupjsj@vip.163.com

QQ：2301891038（请写明您的单位和姓名）

资源下载、样书申请

书圈

扫一扫，获取最新目录

用微信扫一扫右边的二维码，即可关注清华大学出版社公众号“书圈”。

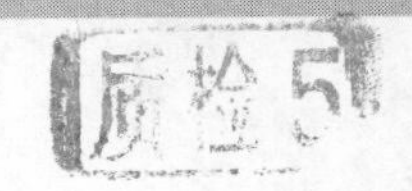